新太空竞赛

ROCKET BILLIONAIRES

ELON MUSK, JEFF BEZOS, AND THE NEW SPACE RACE

[美] 蒂姆·费恩霍尔茨（Tim Fernholz）著 杨依 译

中信出版集团 | 北京

图书在版编目（CIP）数据

新太空竞赛 /（美）蒂姆·费恩霍尔茨著；杨依译
. -- 北京：中信出版社，2020.4
书名原文：Rocket Billionaires: Elon Musk, Jeff
Bezos, and the New Space Race
ISBN 978-7-5217-1353-4

Ⅰ. ①新… Ⅱ. ①蒂… ②杨… Ⅲ. ①空间探索—研
究—美国 Ⅳ. ① V11

中国版本图书馆 CIP 数据核字（2020）第 013222 号

新太空竞赛

著　　者：[美] 蒂姆 · 费恩霍尔茨
译　　者：杨依
出版发行：中信出版集团股份有限公司
（北京市朝阳区惠新东街甲 4 号富盛大厦 2 座　邮编　100029）
承 印 者：山东鸿君杰文化发展有限公司

开　　本：787mm × 1092mm　1/16　　印　　张：17.25　　字　　数：300 千字
版　　次：2020 年 4 月第 1 版　　印　　次：2020 年 4 月第 1 次印刷
京权图字：01-2019-4608　　广告经营许可证：京朝工商广字第 8087 号
书　　号：ISBN 978-7-5217-1353-4
定　　价：59.00 元

目录

引 言

多年以来，几乎所有从事火箭研究的人都一直驻守在佛罗里达州的同一片湿地中。

卡纳维拉尔角是位于大西洋沿岸的一个三角岬角，常年遭受飓风侵袭，“二战”结束后，卡纳维拉尔角差一点儿就成了另一个不太好的土地开发项目：向其他州的美国士兵出售湿地度假房屋。但是，一群拿着算尺的人抢先到达了那里——他们查阅美国地图，希望找到一个能让充满爆炸物的大型机器顺利坠入海中的合适地点，并且该地需要离赤道很近，以便能够借助地球的自转发射火箭。他们对卡纳维拉尔角很满意。

不过，那是半个多世纪以前的事了。现在的佛罗里达州湿地见证了那些努力离开地球、漫游于太空中的美国人打下的坚实基础：首先是“水星号”飞船，随后是“双子座号”飞船，最后是“阿波罗号”飞船。随着太空不再神秘，而更易受到人类控制后，官僚主义取代了神性：太空实验室和航天飞机相继出现。1958 年，NASA（美国国家航空航天局）作为与苏联竞争而特设的机构成立，其成员包括前纳粹分子、质朴的美国工程师，以及勇敢的试飞飞行员。该机构致力于建造和维护人类历史上最昂贵的新发明：国际空间站（ISS），即轨道上的研究前哨站。

美国在第一场太空竞赛中的胜利令人敬畏：数量庞大的资金、大量的人力与科技投入，所有这些都是为了将脆弱的人类送到一个他们本不属于的地方。继阿波罗计划后，雄心勃勃的太空计划充斥着自满情绪。美国在登月过程中所做的一切，似乎偏离了那些先驱者的路径，而更像是对虎视眈眈者的一种示威。NASA 相当于完成了一场复杂的冷战宣传行动。一旦展示了登月的能力，就再也无法回头。总统们对太空探索大肆吹捧，但大多数坚持将视线投向星空的人都被认为是怀旧者。

让我们走近 SpaceX（太空探索技术公司）的创始人兼首席执行官埃隆·马斯克，虽然他更享受"首席设计师"的称号，但他显然不是一个怀旧者，特别是按照火箭爱好者们的标准来看。这位拼命三郎式的南非裔企业家创立了被称为 SpaceX 的太空公司，以便能够在火星退休。在他 44 岁生日那天，他的公司送了他一份生日大礼：SpaceX 将成为史上第一个实现火箭回收的公司。

在马斯克看来，卡纳维拉尔角第 40 号发射台（SLC-40）有着沉沉的历史厚重感——它承载着太多沉积下来的规则、习惯以及传统的智慧。马斯克的工程师们对老的空军发射台进行了翻新和清理，以便其能够更高效地运行，更快速地运输，并且耗费更少资金。现在，他们正在得克萨斯州建造一处新的私人太空港。然而，太空业务的现实要求 SpaceX 必须用卡纳维拉尔角的某个向政府租借的发射台发射火箭，而此处与 SpaceX 建造并测试自己火箭的地点相距甚远。

2015 年 6 月 28 日，SpaceX 建造的"猎鹰 9 号"火箭矗立在发射台上，即将于半小时后发射。这枚火箭高 230 英尺[①]，直径 13 英尺。整个区域空无一人，以便马斯克的创造物能够注入数千磅[②]液态氧和挥发性极高

① 1 英尺≈0.305 米。——编者注

② 1磅≈0.454 千克。——编者注

的煤油。流经机器的超冷液体，使得佛罗里达州湿热的空气随之凝结；剧烈的蒸汽喷发，让火箭看起来就像是在吞云吐雾，恰如飞船顶部的名字——龙。火箭的大部分发射质量都来自液体，就像瓶装苏打水一样，但若将一枚铝制火箭与一罐可口可乐相比，在同等条件下，火箭要脆弱得多：因为火箭的外壳要比等比例放大后的饮料罐壁薄得多。而且，为了将更多推进剂注入火箭，推进剂会被冷却到零下340 华氏度[①]。

在 SpaceX 总部的控制室中，年轻的控制员们监控着压力计、遥测进料装置，以及安装在火箭各部位的摄像机。工程师们参与到公司的发射直播中，为成千上万观看直播的粉丝和围观人群解释飞行的基本情况。视线回到佛罗里达，NASA 的官员们、空军指挥官们，以及 SpaceX 的运营团队，都紧张地注视着电脑控制台后的倒数计时器。

政府官员会嫉妒 SpaceX 的能力吗？马斯克的航天器是第一个完成 NASA 的国际空间站飞行任务的私有航天器。为了确保任务的完成，SpaceX 需要 NASA 提供的资金支持和建议。但是，马斯克坚持火箭应根据他自己的原则进行设计，此外，高大的白色火箭的每个部分都应归他公司的股东所有。这不仅仅是一个技术性细节，还是航天业务的一种革命性方法。与此同时，这对于马斯克更宏大的使人类文明成为“多行星文明”的野心也是必要的。马斯克投入了自己的 1 亿美元和过去 13 年人生中大部分的精力，可不仅仅是为了完成今天的任务：将 4 000 磅的质量（你可以用一辆道奇公羊卡车移动的质量）移动几百公里的距离（纽约市和波士顿之间的距离）。如果只是横向移动这 4 000 磅质量，可能并不值得一提，但你得意识到这是在垂直移动，这可不是一项简单的工作。

当火箭准备发射时，3 名宇航员在距离地球 250 英里[②]的国际空间站里。他们生活在一系列拧在一起的围绕着我们的星球高速旋转的铝

① 零下 340 华氏度≈零下 206.67 摄氏度。——编者注

② 1 英里≈1.609 千米。——编者注

管内。定期运送食物、水和氧气的航天器，以及为他们留在太空中提供正当理由的科学仪器和试验对于这些宇航员十分重要。自从空间站建成以来，为配合国际合作伙伴（主要是俄罗斯和欧盟），NASA 不得不淘汰掉它能够用于前往空间站的唯一工具。2011 年，航天飞机项目因过于昂贵和危险而被叫停。现在，美国的太空项目完全建立在与俄罗斯的合作之上，在没有俄罗斯帮助的情况下，美国无法触及它最昂贵的科学设施空间站。

NASA 已经试图用若干选项来替代航天飞机，尽管为巨型航空公司提供了数以亿计的资金，但仍然没能获得新的答案。巴拉克·奥巴马当选总统后，他的政府砍掉了最大的超预算项目，推迟了新火箭和太空舱的制造计划，让 NASA 自己来操心地球外的事务。为了维持国际空间站的运行，奥巴马团队将推动一个“小布什时代式项目”，该项目设想将地球和空间站之间的运输私有化。

这是马斯克和他新生的太空公司所迫切需要的机会。那个时候，炸毁的火箭比成功发射的火箭要多得多。许多人认为，马斯克只是另一个来自硅谷、怀揣太空梦的有钱傻子。10 年前，微软创始人比尔·盖茨就为一个雄心勃勃的互联网卫星计划投入了数百万美元，该计划就是旨在让人们接入互联网的“星座计划”。然而，这个计划最后以失败告终。波音公司、洛克希德·马丁公司、诺斯罗普·格鲁曼公司等主要航天承包商中拥有数十年实践经验的工程师队伍，打心眼里瞧不上这家由软件工程师组成的年轻公司，并认为其无法胜任太空旅行的工作。

即使如此，马斯克仍然看到了从底层开始的入口：从制造火箭为他人发射人造卫星开始。随后，他与 NASA 签订了一份向国际空间站运送补给的合同。比起建造史上最大的卫星星座或月球探索来说，这样的工作可能会显得单调乏味。

可是，看看现在的情况！发射台上闪闪发光的白色、轻便的喷着蒸汽的机器，看起来多么符合史蒂夫·乔布斯的审美。自 2010 年首次飞行以来，它改变了一个全球性行业：售价 6 200 万美元，仅为 SpaceX 的竞争对手们所销售的轨道火箭价格的一半。在 18 次成功飞行后（其中 6 次是为 NASA 进行的），SpaceX 公司冷酷的总裁兼首席运营官格温·肖特韦尔打造了一座价值 100 亿美元的发射台，并赢得了全球主要卫星运营商的合同。虽然 SpaceX 的主要竞争对手个个实力强劲，但这些美国、欧盟和俄罗斯的军工综合体的技术承包商都获得了相当多的资助，因而缺乏资助的 SpaceX 能够做到这一切已属不易。航空航天企业不再嘲笑，而是以新的眼光看待 SpaceX。

能够将数吨重的物体运送到地球轨道的火箭，价格大多极其高昂，一般要几亿美元，而且这些火箭通常来说是一次性使用的。每次飞行后，这些使用最坚固、轻便的材料制造出来的复杂机器就会被轻易丢弃：一旦将所装载的货物运送至轨道上，火箭就会在大气层中燃烧，坠入大海，抑或是在太空中漫无目的地飘荡。外行人都能从中发现一种显而易见的省钱方法，那就是多次使用这个造价高昂的东西。然而，没有公司或国家制造出了一款高效的可重复使用火箭。航天飞机是最接近这一理念的，但是由于其一次性燃料箱在每次飞行后需要花费数月进行翻新，且价格高昂而被淘汰。两次灾难扼杀了这个项目：1986 年“挑战者号”事故，以及 2003 年“哥伦比亚号”事故，两次灾难均与飞船多次重复地暴露于太空旅行过程中的极端压力有关。航空航天工程师在考虑到下一代美国火箭的可重复使用性后，认为在该项目上的花费最终不会得到回报：没人会定期发射足够数量的火箭，而且火箭在很多情况下都有可能爆炸。

马斯克的想法则完全不同。SpaceX 的哲学是，让物理科学来判断什么是可能的，什么是不可能的。将塞满昂贵机器和电子设备的火箭带回地球并没有技术障碍。美国太空项目在 20 世纪 90 年代就对可重复使用火箭进行过试验，当时的火箭能够在空中飞行近两公里后安全地回到地面。但是，在一次测试失败后，项目就失去了继续研究的资金支持，NASA 将项目取消，仍使用航天飞机来完成大多数政府的太空运输任务，因此可重复使用火箭的研发也就搁置了。政府之外，新兴的商用卫星产业将大量资金投到巨大卫星的开发上，而政府御用承包商们制造的火箭仍是执行发射任务的首选，即使这些火箭造价极高。俄罗斯拥有“联盟号”和“质子号”运载火箭，欧盟有阿丽亚娜欧洲空间组织运载火箭，而美国有“宇宙神”系列和“德尔塔”系列运载火箭。

马斯克认为，时代已经变了。现在已经是 21 世纪了。现在对于发射的需求远远超出人们的想象，而且合适的产品还能够刺激需求。这将会形成一个良性循环：如果进入太空的成本降到令人能够接受的程度，那么，降低进入太空的成本将会吸引更多资金。这是他在互联网蓬勃发展初期作为企业家所形成的一种态度。在 1999 年，并没有什么人能够想象到在互联网上对服务和商品进行支付的新兴方式所蕴含的巨大潜力。然而，马斯克与其他所谓的贝宝（PayPal）帮成员并未被吓坏，而且他们中的许多人，如投资人彼得·蒂尔和卢克·诺斯克，都一直支持 SpaceX。一旦他们打造出从消费网站安全地交换货币的简单工具后，其他企业家会找到使用它的地方的。这种在线交换货币的能力，成了一个全新经济的基石。当 2002 年拍卖网站亿贝（eBay）以 15 亿美元的价格收购贝宝后，马斯克的收益份额给他提供了开拓新市场的资本——包括对太空领域的探索。“猎鹰 9 号”就是 SpaceX 的第一个超级产品。

正如大多数其他轨道火箭一样，“猎鹰 9 号”实际上是两枚运载火箭的组合。大的运载火箭被称为第一级火箭，或助推器，其配备 9 台发动机，以及装有发射需要的所有推进剂的贮箱。置于顶部的是另一枚运载火箭，其被称为第二级火箭，仅有一个发动机。被送入轨道的，可能是一颗卫星，也可能是一打卫星，或是一个“龙飞船”航天舱。

发射时，第一级火箭负责牵引其自重、第二级火箭和装备，其肩负对抗引力和大气层的重任。当火箭进入被称为卡门界限（通常被认定是高于海平面100公里处）的范围时，推力开始消失。到达此界限时，火箭会以4倍于音速的速度运动，随后，发动机熄火，两级火箭分离，不过这些轻描淡写的文字掩盖了其中的戏剧性：气动推进器迫使火箭分离，第二级火箭的发动机在第一级火箭坠回地球的同时点火启动。此时，第二级火箭接棒第一级火箭的工作，将装备带往其目的地，即地球之上的250英里至23 000英里范围内的任何地方。对于大多数火箭来说，在两级火箭分离后，巨大的第一级火箭的使命就完成了，它会坠入卡纳维拉尔角周围的大海。中国某次发射火箭时，第一级火箭意外地坠入一个村镇中，当地居民纷纷来到公路中央的巨型铝筒旁摆姿势合影。

然而，SpaceX另有打算。两级火箭分离后，当第一级火箭脱落时，会发生不一样的一幕：发动机将恢复工作，安装在侧面的4个栅格翼展开。与此同时，14层楼高的火箭筒便停止坠落。它将会继续飞行，发动机指向地球，进行反推减速。到达地球上空几百英尺处时，4个大型起落架将会展开，就像20世纪50年代的科幻电影中那样。“猎鹰9号”重约20吨的第一级火箭，在起落架悬停于地面几英寸[①]处时，会关停其发动机，随后轻轻地降落到地上。

至少这是一个好的想法。在执行飞往国际空间站的第七次任务时，SpaceX的火箭顺利坠入空旷的海上，并证明当飞往海面时，它能够到达正确的位置。SpaceX使用的是自动式驳船：当火箭返回时，如果船上有人就太危险了。这被证实是个明智的选择。前两次着陆尝

---

① 1英寸=2.54厘米。——编者注

试以惊人的爆炸而告终。每一次的失败后，SpaceX 团队都会了解更多着陆系统的运作原理，进而改进火箭的计算机算法。在两个月前的任务中，火箭已经能够着陆——确实已经着陆，竖直地立在漂浮的驳船上。但是，它最后失去了平衡，目击者在现场视频直播中沮丧地看着它痛苦地缓慢倒下。余下的推进剂瞬间被点燃。SpaceX 的众多粉丝却超爱这一幕，他们为这出好戏喝彩。NASA 高管们则开始有些动摇了。

其实这一次，马斯克认为，他们是能成功的。他公开预言：成功与失败的可能性各占一半。但不是 SpaceX 外部的所有人都信服他的预言。NASA 官员们打退堂鼓，不仅仅是因为最近的失败，还因为 SpaceX 测试火箭可重复使用技术的方法：他们不是通过单纯的试验飞行任务来开发可重复使用技术，而是在为他们的客户执行发射任务时同时进行测试。为什么不这么做呢？从技术角度说，在客户的货物安全离开并进入第二阶段飞行前，一切都与可重复使用系统无关。但是，代表迭代精神的每一次小改动，都让传统火箭从业人员不适。因为，对火箭外形的任何微小调整都会影响其空气动力轮廓，而在发动机内部复杂的液压系统中的任何一个微小的改动，都可能会导致间接的负面影响。火箭发射很少会由于一些重大错误而失败，它往往是因为一些微小的、未预料到的缺陷而失败。

尽管如此，“在飞行时测试”成了 SpaceX 公司的又一口号，另一个将它与那些自己想要打倒的旧公司区分开的特征。作为一个创新战略，这相当成功：公司直接从其研发项目中获利。这对数据公司来说是一个常见的战术，即持续 A/B 测试——在网站上为用户提供不同信息并评估其功效。但是，在会产生剧烈化学反应的机器上，迭代技术是否仍能像在基于随机性信息的产业中一样有效？

现在，倒计时进入高潮阶段。发射前 5 分钟，飞行负责人与控制团队签到，监测火箭的发动机、制导系统、“龙飞船”、发射台状况、天气，甚至是空间站的飞行路径。所有系统运行正常。被称为“强力背板”的高大支柱支撑着火箭竖立，之后便与火箭分离并向后倾倒。距离发射仅剩一分钟。地面控制人员将控制权交给火箭内置的飞行计算机。点火前的几秒，水从巨大的管道喷向发射台。水会吸收发动机的声响，以防止振动将火箭撕裂。

“5，4，3，2，1，0……‘猎鹰 9 号’发射。”

当火箭从发射台升空时，巨大的白色烟雾喷涌而出。火箭上升时，几乎与火箭本身一样长的火焰从 9 个火箭发动机中喷射而出，其过程缓慢而痛苦。

“第一阶段推进正常。”

30 秒之后，火箭已经飞离地面数英里，加速后消失在云层中。一分钟后，火箭达到超音速。随后 30 秒，它达到“最大 Q 值”——发动机推力与重力和大气阻力交汇，并对火箭金属结构施加最大力的时间点。火箭上升到 14 英里，以每小时 1 542 英里的速度移动，而且仍在加速。

10 秒后，火箭以每小时 1 900 英里的速度飞行，距离地球 19 英里。随着大气层逐渐变得稀薄，火箭的排气尾流从匕首的形状变成像是 9 朵花瓣的小束云朵状。

几秒后，除了烟，什么都没有了。烟从火箭顶部倾泻而下，将火箭吞没其中。“猎鹰 9 号”消失了。烟雾消散后，除了散落的残骸，什么都看不到了。火箭在爆炸前共计飞行了 2 分 18 秒。30 万在线观看 Spacex 公司视频直播的观众们，只能盯着佛罗里达州那干净、浅蓝色的天空发呆。

马斯克的生日似乎被毁了。

第 1 章　资本的冒险

许多人都曾说过，在航天产业中小赚一笔的最快方法是，先赚一大笔。

——埃隆·马斯克

马斯克并不是唯一一个想要在航天产业中掀起巨浪的亿万富翁，几乎所有在消费科技领域有所成就的人，都在寻找向遥不可及的太空事业投入资金和时间的入口。大多数这样的狂热者不管之前在商业上取得过何种成就，都没能通过火箭生意的严峻考验。一群在高边疆上欢呼、评论，还经常打赌的太空极客，见证了各行各业富有的远见者试图在太空中大展拳脚，但最终失败的结局。

许多亿万富翁出身于硅谷和科技界。虽然一开始他们的赢利前景存疑，但是，他们中的大多数仍成功地建立起商业帝国。他们有一种说服别人把钱和时间投到那些能带来高回报的冒险想法上的本领。而且，他们了解科技趋势，尤其是在电信和互联网行业，他们将推动私人资本进入火箭产业。21 世纪初美国互联网公司崛起的一个原因，是政府网络技术转向私人领域发展。由于受到美国国防部需求的推动，计算机网络革命风行一时。NASA 花费数十亿美元开发太空技术，难道不可能形成一个同样有利可图的生态系统吗？

最初，答案是绝对的“不可能”。

随着 20 世纪 90 年代互联网热潮的出现，行业明星们很快就发现，通过电话线拨号上网无法带来他们期待的未来，也就是为所有音频和视频应用传送足够的数据。要想打破桎梏，就要找到无线解决方案；但当他们开始使用光纤电缆时，又受到了电信行业的限制，而且需要投入大量的人力、物力。为什么不将地球上的问题抛诸脑后，而将网络放到太空中去呢？那时，商用卫星已然存在，但娱乐公司在使用它们播放电视节目和体育赛事的时候遇到了费用问题。将卫星通信网络放到轨道中是一个更加复杂的技术挑战，一个需要预先投入巨额资金的挑战。然而，有能力投资数亿美元开展业务的机构，却更倾向于保守。但是，随着微软、网景（Netscape）、贝宝和易趣等公司的股票价格上涨，超高净值的群体诞生了，这些群体了解技术，而且全然接受风险。

其中，第一个挥拳出击的是比尔·盖茨。盖茨和他童年的玩伴保罗·艾伦在 1975 年创立了一家名叫微软的小公司。到了 20 世纪 90 年代，这家小公司对数字经济的控制达到了垄断的地步。在电信企业家克雷格·麦考威牵头、沙特阿拉伯王子阿勒瓦利德·本·塔拉勒的支持下，盖茨赞助了一家名为泰勒戴斯克（Teledesic）的公司。这家新公司将发射和运营一个由数百颗通信卫星组成的庞大网络。这个卫星网络将为世界各地的用户提供语音和数据服务。但是，这个美好愿景最终惨淡收场。该项目的资深成员将泰勒戴斯克的失败归因于一系列的挑战。这个想法过于超前，而且当时制造和发射卫星的成本太高。它同样还面对一个拥挤的市场：除了泰勒戴斯克，像铱星（Iridium）和全球之星（Globalstar）这样的公司，也在计划发射大型通信星座。这些境况，让投资者望而却步。这 3 家公司最终都将破产。不过，铱星公司和全球之星公司在若干年后将会作为卫星产业的重要参与者再度崛起。

整个卫星智囊团，乃至整个世界，都被手机的出现所震惊。随着电信行业席卷全球，高功率的蜂窝网络不断扩展，地基天线连接了光纤电缆，卫星潜在市场的大量市场份额被抢占。与此同时，尽管泰勒戴斯克的出资者仍抱有希望，但地面网络的成本要远低于卫星网络。卫星网络革命在短短几年后就能向航天部门展示其丰硕的成果，但在这一时刻却遇到了巨大的挑战。

压倒骆驼的最后一根稻草是2000年的股市崩盘，这标志着科技繁荣的结束。随着网站浪潮退去，大多数投资者都抛售了其危险系数最高的股票。这意味着，人们无法再像以前那样轻松地为使用炸药发射5吨重的轨道计算机获取资本了。这些卫星公司中的任何一家在筹集资金时都会困难重重。

2000年对于另一位特立独行的科技企业家来说，却是一个为太空投资奠定基础的好时机：他就是亚马逊创始人杰夫·贝索斯。这位互联网零售之王在1996年将其线上书店的雏形上市。1999年，他成了美国《时代》杂志的年度人物。多亏了贝索斯严苛的风格和对可量化结果的专注，亚马逊挺过了它的低迷时期，并开始茁壮成长。这时，他可以花点儿时间去追寻一下个人的梦想了。当世界进入新的千禧年时，贝索斯创立了一家名为蓝色起源（Blue Origin）的新公司。该公司的名字寓意着人类的起点是地球，却会终于别处。它将是贝索斯太空梦的孵化巢穴。那时，除了贝索斯的核心圈子成员之外，几乎没人知道这家公司，而且大多数人在之后多年内也都不知情。它一直蛰伏着，相比于一家设计与工程公司，它更像是一个太空智囊团。那是一个神秘的地方。有传闻说，蓝色起源是一家做太空旅行和太空电梯业务的公司。2005年，贝索斯走进位于得克萨斯州范霍恩的一家电器商店背后的一间小办公室，他是去见《范霍恩倡导者报》的主编的。

贝索斯刚刚在得克萨斯州西部一个距离埃尔帕索东南部两小时路

程的小镇（人口约 3 000 人）买下了 165 000 英亩[①] 土地。他想要建造一个私人火箭测试基地，这样蓝色起源公司就能按照它自身的节奏来进行太空新技术的研发。贝索斯还想要为他的家人建造一个大牧场，就像他童年时期曾去过的他祖父所拥有的那个偏远避难所一样。由于有些人会对有着远大抱负的人持怀疑态度，所以他希望当地居民能够直接从他那听到关于这些计划的消息。

“他告诉我，他们的第一架航天飞机将载着 3 人前往太空边缘，然后再折返，”《倡导者报》主编拉里·辛普森告诉美联社，“但是，他的终极目标是太空移民。”贝索斯告诉辛普森，他正在建造一个太空船发射降落场。消息迅速传遍全美。但是，贝索斯拒绝就这一项目与美联社进行对话。发言人称，公司“最近并不会有任何新动作”。这句话倒是真的。

那时，虽然亚马逊的体量已经很大，但远未成为今天这样的巨头。这件事发生在 iPhone（苹果手机）引领智能手机革命之前，在 Kindle 被发明之前，在亚马逊贵宾机制出现之前，更在亚马逊云计算服务和人工智能系统亚历克莎出现之前。在亚马逊生命中的这一阶段，尽管它已经上市 4 年，但它的网上零售店仍未能实现赢利。投资人热爱股票，就是因为它们不可思议的增长率，以及它们以旺盛的能量贪婪地攫取市场份额，甚至整个市场的方式。因此，贝索斯将时间和精力转投另一家公司上的想法，不太可能让那些已经忍受了他相当多怪癖的投资者买账，尤其还是一家前景如此不明朗的公司。

因此，在关于太空船发射降落场和在西雅图开设一家设计公司的消息宣布后，亚马逊的第一笔重要投资蓝色起源没有引起什么反响。而贝索斯之所以决定在得州成立蓝色起源公司，可能是受到另一位超

① 1 英亩≈4 047 平方米。——编者注

级富有的太空极客的刺激，那是一位更加喜欢站在聚光灯下的人。

我们必须承认，关于富有的太空极客，我们有一张很长的名单。不过，我们这里指的是英国企业家理查德·布兰森。他金发碧眼，留着山羊胡子，脸上挂着灿烂的笑容。最重要的是，他拥有一双能够发现机遇的眼睛。

布兰森和他的维珍集团的历史，更像是一个关于高超营销技能的故事。在青少年时期创办了一本音乐杂志后，布兰森在20世纪七八十年代，以“维珍”这个品牌名，通过销售音乐，打击现有经销商，建立起一个庞大的零售帝国，并积累了大量财富。随后，他拓展了自己的帝国版图，其包括一家唱片公司、一家电视台，还有一家航空公司和一家移动电信供应商。他并不是一位明显的产品创新者。好的眼光、青年文化的品牌特性，以及他自身具有的英雄色彩的个性，是使他的事业与众不同的关键。2004年，布兰森看到了人类飞往太空的机会。

那时，全世界只有一种由私人出资赞助且经过飞行认证的飞行器能够将人类送入太空，那就是“太空船1号”（SpaceShipOne）。2004年，由于在两周内连续两次将人类送出大气层，“太空船1号”获得了“安萨里X大奖”。这个奖项创立于20世纪30年代，应当时的航空挑战而生。就像查尔斯·林德伯格飞越大西洋是受到一笔巨额奖金的吸引一样，在愿意为太空商业付费的乘客出现之前，该奖项的捐助者也希望以此来促进太空商业的发展。为了给这个奖项提供资金，其组织者彼得·戴曼迪斯找到了安萨里家族，一个在革命期间逃到美国的富有伊朗家族。20世纪90年代初，时为美国世界通信国际公司（MCI）雇员的阿努什·安萨里，说服她的丈夫和姐夫，创办了一家名为“电信技术公司”的新公司。

时机相当完美，他们的公司随后在互联网泡沫达到顶峰时被竞争对手以超过12亿美元的高价收购。这场收购让这个家族大赚了一笔。2002年，阿努什支付了2 000万美元在国际空间站度过了8天时间，成为第一位到达太空的伊朗人。

“太空船 1 号”由一位传奇工程师伯特·鲁坦所设计。他发明了一些史上最具创新性的飞机。伯特·鲁坦是一个性格古怪的人，他痴迷于碳纤维编织而成的超强轻质材料。在新型复合材料尚未被大众所接受时，他先迈出了一步。鲁坦的努力赢得了微软的保罗·艾伦的青睐，艾伦也在寻求向太空投资的机会，他资助了鲁坦 2 000 万美元。

与其他太空工程师不同，鲁坦对于大气层有着丰富的研究经验。“太空船 1 号”实际上是一架“太空飞机”：想象一下，航天飞机在任务结束后降落到跑道上的画面，那就是传说中的“太空飞船”。有些太空工程师认为，设计一种适应两种环境的运载火箭是没有意义的。这就是为什么会出现用降落伞将太空舱带回地球的情况。然而，鲁坦更像是一名飞行员。他设计的运载火箭会从飞机上坠落以节省燃料。一艘定制母船将火箭运送到近 9 英里的高空中再将其释放，此时飞行员会点燃火箭发动机，将大气层完全留在身后。

布兰森已经拥有了一家航空公司，他认为自己对把屁股放在普通航班座位上的业务相当了解，所以，他与鲁坦的缩尺复合材料公司（Scaled Composites）成立了一家合资企业，名为“TSC”（宇宙飞船公司）。TSC 将建造一架更大、性能更佳的运载火箭。而且，为了达到这一目的，布兰森还推出了一个新的品牌——维珍银河（Virgin Galactic）。他脑海中的未来运营模式如下：7 名太空旅客登上飞船，前往太空边缘，在返回着陆前，享受几分钟失重的感觉和窗外美轮美奂的风景。

从不愿意错失任何一个在聚光灯下曝光机会的布兰森开始兴致勃勃地为维珍银河招揽生意。他推出了 25 万美元一张的太空门票，并给自己和家人各买了一张，然后将门票兜售给汤姆·汉克斯、安吉丽娜·朱莉和史蒂芬·霍金等人。第一班航班计划于 2007 年开始从新墨西哥的一个新太空船发射降落场起飞。鉴于“安萨里 X 大奖”从公布到颁发仅用了不到 8 年时间，设计的商业化似乎是一个微不足道的工程问题。2004 年，美国人几十年来一直在许诺的太空时代似乎终于触手可及了。

当维珍银河出现在公众视野中时，马斯克的 SpaceX 刚问世没多久，只能算是一群狂热爱好者的聚集地。他们还在计划着试飞他们的第一架火箭——“猎鹰 1 号”。看起来，维珍银河注定会成为进入私人太空发射市场的先驱者。它拥有一个经过验证的设计，一个在有条不紊进行的销售计划，以及一个能够制造新闻头条且激情满满的支持者。

不知道这是否就是贝索斯选择早于这两家公司，在 2005 年就披露他的蓝色起源公司的计划并且大胆投资的原因呢？由于缺少警告以及后续行动，这个问题显得很有意思。不同于马斯克或者布兰森，贝索斯并没有傲慢的推销员个性，或是赢得公众和媒体支持的渴望。他更像是一位经营者、一个系统管理者、一个战略家。但他显然也有着举世无双的野心，还有一种时间感，而这表明他不喜欢被遗忘。

然而，尽管获得了所有的关注，但布兰森和贝索斯引人注目的曝光最终化为泡影。

维珍银河的第一次飞行被一推再推。使得鲁坦成为手工制造试验性航天器的适合人选的怪癖，也给他设计一个能够持续安全运行的航天器带来了巨大的困难。鲁坦所造的航天飞机的本质注定它“既不是鱼，也不是鸟”。也就是说，它既不适合大气飞行，也不适合真空空间飞行。它依赖于折叠机翼和与众不同的推进系统，而现在这两方面都遇到了挑战。他的第一架航天器甚至到 2014 年才第一次试飞，距离其原型机在一周内飞行两次的时间点，过去了 10 年。截至撰写本书时，维珍银河的 700 多名客户还没有一人真正进入过一架航天器，并冒险穿过大气层。这种长时间的延迟与布兰森不间断的促销承诺，就是维珍银河发展的缩影。

不论是充满戒心的 NASA 核心工程师和科学家，还是像波音公司和洛克希德·马丁公司那样的老牌美国火箭制造商，都未对这些太空新贵产生深刻印象。当然，这些企业擅长在媒体上大肆宣传它们的火箭，但它们什么时候才能将一些有用的东西送上太空呢?

至少，通过在 2010 年完成“猎鹰 9 号”的首次飞行，马斯克明确回答了这个问题。在接下来的 5 年里，“猎鹰 9 号”的首次亮相和之后 17 次成功的飞行，赢得了卫星运营商和 NASA 的支持。这两个群体都承受着来自预算方面的压力，因此会优先考虑成本较低的 SpaceX。但是，大量争议仍然存在。舆论认为，马斯克的团队是在偷工减料，而太空业务必须选择那些可靠的火箭。太空业务在两个方面很像银行业：资本密集，而且需要信心。

因此，“猎鹰 9 号”在 2015 年 6 月 28 日的第 19 次飞行中仅飞行了 2 分 18 秒便爆炸，就不仅仅意味着损失一个合同，甚至不仅仅是 SpaceX 一家公司的问题。它是一个对马斯克和其他企业家试图用来挑战军事工业综合体的私人太空业务概念的威胁。

当时，SpaceX 正在努力争取美国政府授予的发射卫星的权利：不是承担民用探测任务，而是代表美国空军和情报部门发射间谍探测和通信卫星。

这些合同很难争取有着多方面的原因：它们涉及最高机密，而且所涉及的技术昂贵且独特。最重要的是，SpaceX 的竞争优势，即比任何公司的价格都低的优势，却因为这些合同的特殊性质而显得不那么重要。ULA（联合发射联盟）是一家由波音公司和洛克希德·马丁公司共同投资的公司，其在 2006 年美国国家安全发射领域获得全面垄断地位的最主要原因是：除了它，别无他选。而它能够保持垄断地位，是因为其主要的火箭“宇宙神 5 号”是拥有完美发射历史的原美国洲际弹道导弹（ICBM）的迭代产品。为了打入这个潜力巨大的市场，马斯克不得不在价格上打破垄断，还得以完美的方式打破。

在 SpaceX 给空间站运送补给的任务出大问题前的几个月，ULA 与 SpaceX 曾在国会山一间会议室里的一群议员前当面对峙。虽然五角大楼能在技术层面搞清自己应该购买何种火箭，但是它花在探索宇宙上的数十亿美元必须得到这个房间里的政治家们的批准。大家意见不一：委员会里的许多议员都来自 ULA 或其母公司提供就业、投资或者税收的地区。他们并不希望 ULA 受到冲击。而且，尽管有人已经预见到 ULA 火箭日益增长的成本在预算压力巨大的时候，会成为一个大问题，但其他人优先考虑的仍是火箭的可靠性。

“我很乐意看到亿万富翁们用自己的钱，去做一些有助于国家而且很酷的事情，但这毕竟是一笔生意。”委员会主席，名为迈克·罗杰斯的代表说道。他来自波音公司和 NASA 所在地亚拉巴马州。

一个适时出现的新问题给 ULA 带来了压力。美国的顶级火箭公司使用的都是俄罗斯制造的火箭发动机。然而，2014 年克里米亚问题爆发后，即便是 ULA 最顽固的传统捍卫者，也无法证明向俄罗斯国防业继续注资数亿美元的正当性了。

SpaceX 在听证会上的代表，显然不打算让任何人忘记俄罗斯这只恶熊。

“俄罗斯太空企业负责人德米特里·罗戈津曾公开声明，从美国收到的用来购买‘宇宙神’火箭发动机的资金，被用到了俄罗斯导弹项目上，”SpaceX 的格温·肖特维尔在其公开声明中问道，“我们要如何证明购买更多火箭发动机以资助俄罗斯军队的正当性？”

如果说马斯克是那个授权他的团队尝试任何看似不可能的任务的人，那么，格温·肖特维尔就是那个确保他们有资源、时间和资金去这么做的人。当 SpaceX 跌入谷底时，甚至在第一枚“猎鹰 9 号”火箭能够发射前，是肖特维尔在全球销售巡演中利用她在行业内的个人信誉，为维持公司的正常运营赢得了大量订单。

在与一家卫星公司的首席执行官会面中，我曾经很好奇地向他询问冲动的马斯克是如何与沉稳的肖特维尔合作的，他们之间的关系又是如何影响 SpaceX 的，他告诉我："哦，这很简单。埃隆充满冒险精神，而格温稳重，两人相辅相成。"尽管肖特维尔是出名的问题解决者，但她也绝不是古板的。她有着一种顽皮的幽默感，会在公司活动中穿上细高跟鞋，而在这场听证会上，她就穿了一件醒目的格子运动上衣，还别着一个美国国旗的胸针。

她还有着极强的竞争精神。当被问及与 ULA 火箭间的巨大价格差异（据估计，ULA 每次发射需要 4 亿美元，而 SpaceX 只需 1 亿美元）时，她笑着回答说："我还真不知道，一枚价值 4 亿美元的火箭到底是怎么造的呢。"

她的对手，ULA 的首席执行官，托里·布鲁诺则面临着更大的销售压力。布鲁诺也是一位航空航天领域的长期领导者，他是洛克希德公司的一名工程师，他职业生涯的大部分时间都用于为军队建造导弹系统。布鲁诺坐上这个位子仅一年时间，说起来，他还得感谢 SpaceX 给他制造了这个机会。当航天新贵们明显快要把 ULA 踢出市场时，ULA 的母公司将其首席执行官扫地出门了。

ULA 引入布鲁诺的目的，就是削减成本、重振公司，并最终制造一枚可以与 SpaceX 火箭一较高低的新火箭。虽然这并非一件容易的事，但就布鲁诺这个人选而言，ULA 算是找到了一个独特的领导者。撇开他的行业经验外，他还写了两本关于圣殿骑士，以及引发几个世纪阴谋论的中世纪军事宗教制度的书。布鲁诺相信，圣殿骑士是 12 世纪的一股国际金融势力，他们有着现代商业的管理经验。尽管他向我保证，他的办公室里没有锁子甲，但他想要在信念的基础上开展一个项目，并显示出了不小的魄力。几周后，作为清理门户的一步他将会迫使数十位 ULA 高管离职。

不过，在国会听证会前，他也只能是拖延时间。ULA 的火箭造价确实比 SpaceX 更高，这意味着他需要一款同样有效但更便宜的新火箭。这也意味着，他需要设计一款新火箭发动机，而他想到了一个解决方案。

“关于我们公司制造美国产火箭发动机的计划，我有几句话想说。”布鲁诺说道，“去年年底，我们已经与亚马逊公司创始人杰夫·贝索斯所创立的蓝色起源公司形成了战略合作伙伴关系。”

蓝色起源公司自 10 年前的大规模土地收购之后，已经回归隐蔽状态，但它仍在招募工程师，并致力于一些封闭性的项目。“优秀的人会失踪数年，而我们并不知道他们到底在做些什么。”维珍银河的一位高管向我如此评价蓝色起源的运作。这种信息短缺在航空航天产业中是很罕见的，因为表面上的竞争对手往往却是合作伙伴，每个人都知道他人的业务。2011 年，贝索斯的太空公司重新出现在人们的视野里：尽管它仍然很少向公众放出信息，蓝色起源公司与 NASA 签订了一份短期协议，开始开发它的第一款全尺寸火箭发动机和运载火箭。

似乎现在蓝色起源成了 SpaceX 最大竞争对手的救星了。ULA 可以借助贝索斯的财富开发一款新发动机，而不用自己花钱投资。如果说之前没有划分阵营的话，那么现在阵营划分明朗了起来：SpaceX 与 NASA 合作进军太空产业，而蓝色起源公司则与 SpaceX 最大的竞争对手合作进军太空产业。

听证会后的一个月，为了让贝索斯能够回归舞台，蓝色起源公司在灌木丛生的范霍恩牧场透露了关于其首次发射太空运载火箭的相关信息。这里所讨论的这枚火箭很小，仅有 50 英尺高，短而粗的外形使它看上去就像是个孩子的玩具。火箭被命名为“新谢泼德号”（New

Shepard），这是向第一个抵达太空的美国人艾伦·谢泼德致敬。在一次测试中，“新谢泼德号”向着太空边缘飞了 58 英里。

现在，贝索斯在这场太空竞赛中有了后援。他现在是世界上最顶端的俱乐部中的一员了：拥有自己火箭的亿万富翁。

在马斯克被毁的那个生日后的几星期里，他相当忙碌。他的工程师团队展开了一次内部调查，以确定到底是什么地方出现了问题导致火箭爆炸。他们没日没夜地不停工作，仔细研究来自运载火箭上 2 000 多个传感器上的海量数据。负责监管商业火箭发射的 NASA 也在进行自己的调查。与此同时，对 SpaceX 持批评态度的人现在有了足够有说服力的证据来支持他们对其偷工减料的指控。而且，SpaceX 试图向美国空军官员证明其运输火箭可靠性的努力，显然也化为了泡影。

虽然 NASA 的官员们公开表示支持马斯克的团队，但他们也希望得到此事的答案，以及这种情况不会再次发生的承诺。尽管马斯克曾威胁，要让政府太空部门为它们提出的每个额外要求支付相应的费用，但他现在也开始采用 NASA 所喜欢的那种结构化的、基于审查的流程，对其工程师团队进行重组。他不得不取悦其最大的客户 NASA：当时 SpaceX 刚刚因为 NASA 给出的向空间站运送货物，并在两年内设计出一艘能接回宇航员的航天器的订单获得了数十亿美元的收入。7 月，当他与记者分享调查的初步结果时，这位 SpaceX 的首席设计师听起来受到了巨大压力的影响。看起来疲惫不堪还有些闷闷不乐的马斯克似乎不想再讨论一个月前失去他的火箭这件事。他惋惜地说，运送 NASA 货物的“龙飞船”太空舱没有配备应急逃生火箭，如果他的工程师们能早一点为载人飞船开发相关的逃生设备的话，这次事故是可以避免的。

马斯克所讲述的火箭失败故事，说明了在预估火箭飞行过程中可能出现的极端事件时，微小的细节是多么重要。调查显示，问题出在这里：当9个发动机将火箭送入轨道时，运载火箭承受了相当于正常重力3倍以上的推力，因此快速地从大气层中穿过。火箭内部用于给发动机增压的氦气瓶是由钢支架固定的，而在如此巨大的推力作用下，其中一根支架断裂。氦气瓶从时速超过4300英里的火箭内部脱落，并在一个充满液氧的贮箱中来回弹跳。这时，从巨大贮箱中喷出的氦气虽然是惰性气体，但是由于氦气膨胀后冲击到本已过度承压的液氧燃料箱，燃料箱发生了爆炸。液氧被点燃后引发了火箭的爆炸。根据马斯克的说法，从支架断裂到火箭被彻底破坏，整个过程只用了0.893秒。

尽管马斯克是在描述一件明显让他痛心的事件，但是对问题原因的技术解释以及确认这个问题的取证工作，都让他感觉更加投入。用马斯克的话来说，"这是一个非常非常奇怪的故障模式"。马斯克对于是谁导致了火箭的爆炸也很清楚："提供这些钢支架的供应商，我们再也不会合作了。"马斯克坚信SpaceX会找到自己的解决方案。"7年前，当我们遭遇第一次失败时，我们大约有400人，而现在我们有大约4 000人了。"他说，"我想，从某种程度上来说，整个公司也许是变得有些自满了。"

事故发生一个月后，马斯克承诺将不迟于9月进行重新发射。然而，到了10月底，对于火箭何时再起飞，SpaceX仍然没有明确的日程表。有谣言说，这是因为FAA（美国联邦航空管理局）不认可SpaceX对火箭事故的解释，FAA官员认为，支架只是用来转移注意力的借口。有传言称，真正的问题出在制造氦气罐的先进材料上。SpaceX贮箱的制造材料是碳纤维，而大多数太空工程师都认为用这种材料风险太大，将碳纤维这种有机材料置于液氧四周，发生这种悲剧性的化学反应简直就是自找的。

这是SpaceX历史上最艰难的一段时期。除了SpaceX内部人员，没人知道错过了即将到来的航天时代，他们损失了多少。马斯克估计，损失达到了数亿美元。而与此同时，他们的内部人员也突然开始了自我怀疑。而且，他们还不知道，自己即将遭受来自蓝色起源的一记重击。

如果你好奇贝索斯对他将要发布的信息有多激动，看看社交媒体就能发现蛛丝马迹：2015 年 11 月，神秘的亚马逊大亨加入社交媒体平台推特（Twitter），以向世人展示迄今为止蓝色起源作为一家火箭公司，在它无足轻重的历史上迈出的最大一步。

“最稀有的野兽——一枚二手火箭。控制着陆并不容易，但只要掌握了正确的方法，也可以看起来很容易。”这位网络大亨在推特上向他迅速增多的粉丝们，分享了蓝色起源网站上的一个视频链接。

几天前，蓝色起源又一次发射了它的“新谢泼德号”火箭。而且，这一次助推器成功着陆了。视频展示了火箭从得克萨斯州沙漠升空后将太空舱发射到太空边缘，然后成功返回地球的整个过程。粗短的助推器缓缓降落在沙漠中的着陆架上，在接触地面的瞬间，火箭发动机熄火。视频最后，戴着一顶宽边帽和一副反光太阳镜的贝索斯和他的团队一起在着陆架上打开一瓶香槟庆祝。

尽管没有用 SpaceX 的方式在公开场合实时展示这一成果，蓝色起源还是完成了马斯克多年以来所承诺的事情，即他希望在他生日那天展示的这样一个壮举：使一枚可重复使用火箭在飞行后着陆。不过，在马斯克眼中，SpaceX 早已完成了这件让蓝色起源欢欣鼓舞的事：它已经在得克萨斯州测试基地用一枚名为“蚱蜢”（Grasshopper）的原型火箭展示了垂直起飞和降落（VTOL），尽管这些火箭并未离地超过一公里。

不像贝索斯，马斯克是个推特达人，而且很习惯推特的风俗——攻击和挖苦才能引起轰动。

“并不那么‘稀有’，SpaceX 的蚱蜢火箭 3 年前就完成了 6 次亚轨道飞行，而且仍在继续。”马斯克直接回怼贝索斯。随后他发推写道：“杰夫可能还不知道，SpaceX 亚轨道（垂直起降）飞行从 2013 年就开始了。2014 年，轨道水上着陆成功。随后，轨道陆地着陆成功。”

他还没完：“第一个可重复使用亚轨道火箭的荣誉应归于 X-15。”马斯克写道，他指的是 20 世纪 60 年代美国空军研发的一款试验性火箭飞机，“还有伯特·鲁坦在商业上的成果。”这指的是“太空船 1 号”，其开创性飞行仅仅发生于 9 年前。

另一位富有的火箭爱好者、视频游戏先驱约翰·卡马克加入调解。卡马克通过创作经典游戏收益百万，如《疯狂指挥官》和《雷神之锤》，他在 2000 年时创立了自己的火箭公司，以竞争 X 大奖。但是，在经历了几次代价高昂的失败后，其将项目雪藏。他告诉马斯克，不论之前亚轨道领域的成果如何，蓝色起源的成果令人印象深刻。

在火箭工程师们心中，蓝色起源的火箭起降被认为是独一无二的。贝索斯的团队现在已经将他们设计的发动机推到了众人面前，还证明了他们有能力控制火箭并将其安全引导回地面。但是，他们也同意马斯克对于几个概念的区分。飞到太空边缘的火箭和那些飞到 160 公里以上的火箭之间存在一条线：在 160 公里以上的空间，物体能够停留更长时间。亚轨道火箭可以用于普通的科学项目，而轨道火箭则可以将利润丰厚的卫星星座送上天，为 NASA 进行太空探索，并完成其他更多工作。传统观念认为，太空旅游业没有亿万富翁赞助，就无法可持续发展。这也是为什么马斯克创办 SpaceX 后，先从将货物送入轨道入手，而非直接进军太空旅游业。

进入轨道要求运载火箭能够产生比飞到太空边缘更大的能量和推力。这不是达到某一高度的问题，而是达到某一速度的问题。关键在于要飞得足够快，往上飞的速度要和往下掉落的速度一样快，只有这样，火箭才能在地球上方保持一个恒定的高度。对于最低轨道来说，速度需要达到每小时 17 500 英里。为了到达太空边缘，蓝色起源的火箭仅需达到每小时 2 125 英里的速度。打个形象的比方，这就是高速公路上自行车和跑车的区别。

让马斯克痛苦的，就是这个细节：他的火箭是为了展示人类可以用机械设备做的最极端的动作而爆炸的，而贝索斯却因为一些小儿科的东西得到了人们的喝彩，而且地球上似乎没人能够分辨出两者间的区别。

SpaceX 需要告诉人们这其中的区别。于是，消息传出：SpaceX 将在一个月内重新发射火箭，而且将着陆第一个轨道火箭助推器。

第 2 章　火箭产业复合体

我相信，我们能够在 1980 年之前将人类送上火星。与此同时，我们还能发展太空运输经济，这将有助于对月球的广泛探索。

——弗朗西斯·克劳瑟，

加州理工学院，1969 年

2015 年是马斯克和贝索斯迎来悲剧和胜利的一年。但是，他们在火箭资本领域的演练早在他们的航天公司成立前就已经开始了。

20 世纪 90 年代，贝宝和亚马逊作为小型初创企业起步，但两位企业家将它们打造成快速增长型企业，为全球经济发展提供了动力。与此同时，美国太空计划在不断的失败和尝试中，为即将到来的新世纪做着准备。1997 年在卡纳维拉尔角的第一颗卫星的发射，标志着改变。它的赞助商美国空军，希望借助私人公司来增强美国太空力量。

那天早上即将发射的“德尔塔 2 号”火箭是一个令人尊敬的设计。其制造商是一家日渐衰落的老牌航空航天公司麦克唐纳·道格拉斯公司（McDonnell Douglas，以下简称“麦道公司”）。几周前该公司宣布被航空业巨头波音公司以 130 亿美元的价格收购。这笔交易将战斗机和客机领域的领先制造商联合在了一起。

然而，在波音公司收购麦道公司及其火箭技术的同年，其也以 30 亿美元的价格收购了罗克韦尔国际公司（Rockwell International）的太空分部。这个部门曾帮助制造航天飞机和阿波罗登月舱。这表明了传奇的 747 客机制造商有一个更大的愿景：建立一个完全一体化的太空部门，以弥补后冷战时代军事承包商所面临的损失。波音公司实际上是在向政府争取第二次机会：就在麦道公司被收购前不久，这家小公司赢得了国防部的一份合同，其得到了用于设计一款新型轨道火箭的 5 亿美元拨款。波音公司曾参与这份合同的竞标，但是却失败了。

由于全球通信网络的趋势正在发生变化，对这些公司来说，追逐火箭业务是有意义的。那天“德尔塔 2 号”计划发射的货物就可见一斑：为补充和扩大当时看来仍然新奇的 GPS（全球定位系统）网络而计划发射的 12 颗卫星中的第一颗。

GPS，众所周知，始于 20 世纪 70 年代末的一家为美国空军提供服务的军事企业。十几颗绕地球轨道运行的卫星使得拥有先进装备的美军，能够以惊人的准确度在地面上进行三角测量。但是这种技术的民用化始于一个悲剧。1983 年，一架韩国客机意外进入苏联领空，随后被战斗机击落，机上 269 名乘客全部无辜丧命。为了在冷战中表现宽宏大量，罗纳德 · 里根向民用飞机授予使用 GPS 的权利，以避免未来可能会发生的致命导航错误。

1989 年，美国空军开始计划对 GPS 卫星进行一次升级，而且第一个消费型 GPS 接收器也已经上市。不过，接收器价格极其高昂，事实上也并不好用，主要是因为军方故意降低了民用系统的精确度，以防止其被罪犯或恐怖分子滥用。然而，随着世界各地的飞行员采用卫星导航来取代老式的基于雷达的技术，这项服务的实用性变得越来越明显，克林顿政府同意继续使用 GPS 系统和另一组拓展卫星。副总统艾尔 · 戈尔开始推动将信息传输从 GPS 系统拓展到两个新的专用民用频道的计划，这有效地为企业家们创建了一套可广泛使用的数字基础设施。如今，这个系统对全球经济至关重要：几乎每一笔金融交易都是由 GPS 定时信号进行协调的。

1945 年，亚瑟·C. 克拉克首次设想用卫星搭建全球通信网络。当政府表示达成这个未来愿景的技术已然到来时，私营公司纷纷宣布了自己的星座计划——用于移动通信和广播电视信号，而火箭公司则注意到，除了 GPS 卫星外，越来越多利润丰厚的货物将被发射到太空中。

然而，在 1 月发射日中出现的那些工作人员，只是感受到他们似乎正处在太空商业新飞跃的起点。

随着倒计时继续，推进工程师布赖恩·莫斯德尔的工作是使火箭为发射做好准备，当推进剂加载后，按下电子按钮开启和关闭阀门。他和他的团队一起，在距离发射台 600 英尺的控制室里工作，倒计时顺利进行。这枚“德尔塔 2 号”火箭与当时大部分火箭一样配有一个主发动机，主发动机与 9 个额外的固体火箭燃料助推器绑在一起。画架上用机械笔标记的条形图上，显示着航天器的数据。当发动机准时点火时，莫斯德尔走到隔壁房间与发射负责人及其他团队成员们站在一起。控制台操作员们在他们各自的工作间跟踪火箭的飞行状态。

哎，飞的时间可真不长。升空后几秒钟，德尔塔火箭其中一个固体燃料助推器的金属外壳破裂。通过产生超过 100 万磅的压力来发射火箭，本应是一种可控的化学反应，但是现在情况失控了。这股力量将火箭发动机撕开，触发了运载火箭的自毁系统。发射播报员警告“发现异常”。令人惊奇的是，第二级火箭在自毁系统被激活前点了火，并飞离初始爆炸的区域。火箭在离地仅 1 600 英尺高的地方爆炸，那场景就像一场盛大的烟花表演。大量炽热的白色金属碎片在火箭爆炸后倾泻而下，落到发射中心的正下方。

莫斯德尔和他的同事们观看发射时所处的钢筋混凝土掩体，距离发射台仅有 0.25 英里，四周被厚厚的土墙环绕着。尽管如此，莫斯德尔的老板，一位素以冷静闻名、经验丰富的发射负责人，在看了显示器后说了一声不好了，然后躲到了计算机操作台下。其他工程师也纷纷效仿，争相寻找掩体。莫斯德尔一直目瞪口呆地站在原地，直到碎片开始坠落在掩体四周，引得天花板开始落灰，家具也东倒西歪。当巨大的爆炸波冲击整个建筑时，他才终于找到地方躲了起来。

由于掩体是经过特殊设计的，所以他们暂时是安全的。但是，随即发射场中的 70 人意识到，他们有了新的麻烦。一大块火箭残骸落在了用来保护连接到掩体的数据电缆的管道上。当电缆开始燃烧时，熔化的塑料和金属产生的刺鼻浓烟开始在整个建筑中蔓延。他们的掩体现在充斥着浓烟，当氧气耗尽时，这里就会变成一个坟墓。他们只能蹲下等待救援，戴上氧气面罩，以获取氧气。正当情况要失控时，消防员们猛地撞开门，将他们护送到了安全的地方。

虽然莫斯德尔和他的同事们没什么大碍，但停在控制中心后面的技术人员的车辆就没那么幸运了。莫斯德尔的卡车被坠落的碎片击中着了火。车窗玻璃都熔化成了玻璃瀑布，在门里流淌。打电话给保险公司报损时，当被问及他的车出了什么事时，莫斯德尔面无表情地说："它被一枚火箭击中了。"困惑的保险代理人重复了一遍问题，明显是不太相信，于是，莫斯德尔让她打开电视收看 CNN（美国有线电视新闻网）的节目：紧急播报的巨大火箭爆炸视频已经挤掉了常规新闻。她拿到了照片。这 20 辆被毁的汽车将获得 40 多万美元的赔偿，而这只是更换火箭、卫星和发射台所耗成本中的一小部分而已。

这是"德尔塔 2 号"在约 50 次发射中的唯一一次彻底失败，但也是后续一系列失败的开始，这表明了人们对美国太空计划的乐观态度是多么不合时宜。未来几年将会使火箭制造商陷入恐慌，并最终迫使政府签订一项 600 亿美元的垄断协议。

灾难总是最先到来。开发新火箭是一个极其困难且昂贵的过程。从 20 世纪 50 年代末开始，送第一批宇航员进入太空的水星计划就经常出现火箭爆炸事故。火箭开发计划平均要延迟 27 个月才能交付产品，因为能够承受数百万磅压力的机器相当复杂，而且一旦失败就是满盘皆输，所以火箭设计师通常需要专注于大量的前置设计工作，以减少风险，并偏爱那些过去已经被证明可靠的方法。

1997 年 1 月爆炸的“德尔塔 2 号”火箭的技术源于冷战时期核导弹背后的技术。它的复活，缘于一场悲剧。

20 世纪 70 年代，航天飞机项目刚刚起步，美国政府旨在创建一个太空接入的一站式商店。航天飞机拥有强大的货物运载能力，其原本会是美国太空计划的主力。1979 年 007 系列的惊悚片《太空城》就讲述了 6 架航天飞机在 007 打入一个邪恶组织的太空巢穴时，为其运送援军的故事。这并非是异想天开，它反映出了美国政府的一种期望。NASA 希望它的 5 架航天飞机能够每年飞行二三十次，甚至 60 次，以完成从太空探索到卫星修复等各种任务。

然而，这个梦想因技术发展缓慢而推迟，并于 1986 年终止。那一年，“挑战者号”航天飞机的飞行，是一场公共关系的政变，它将证明美国不仅会将试飞员和天体物理学家送入太空，还会把普通公民一起送上去。在全美范围内寻找一名教育工作者来参与这项飞行任务的过程中，一名新罕布什尔州的社会研究教师克里斯塔·麦考利夫从数千名申请者中脱颖而出。在飞行前，她整整训练了一年时间。

在无比的兴奋和高度的期待中，教师们把电视机推到教室中，这样全美各地的小学生都能领略航天飞机发出的荣光。然而，他们却目睹了一场太空灾难。运载火箭飞行仅 1 分 13 秒就爆炸了。这是 NASA 自 1967 年阿波罗太空舱后发生的最严重的事故：“阿波罗号”在一次例行发射前测试中突然起火，机上 3 名宇航员死亡。

“挑战者号”灾难引发了对美国太空政策的严肃反思。在那次冒险中丧生的 7 名宇航员，使得 NASA 高级官员确信，每一次太空飞行都让人类直接参与的做法太冒险了，尤其是发射卫星或太空探测器等不需要宇航员进行太空探索的任务。航天飞机是专为人类太空飞行而设计的，这个结论意味着政府需要重新寻找新型无人火箭发射卫星。

诺贝尔奖获得者、物理学家理查德·弗里曼是这场灾难调查小组的著名成员之一，他因展示了导致“挑战者号”爆炸的微小缺陷而闻名。他将用于建造固体火箭助推器的橡胶O形环浸入一罐冷水中。在较低温度下，密封的容器变得易碎且不易弯曲，因而更有可能在压力的作用下破裂，并泄出过热的气体。发射当天，气温已降至冰点以下，这远远超出了助推器的可承受条件，而建造助推器的工程师们曾发出警告，但很显然，这些警告从未传到NASA的管理层中。

试验说明了火箭发射过程中的微小差错，就像比平常更冷的温度这样简单的小事，都可能导致彻底的失败。航天飞机是NASA首次尝试的可重复使用航天器。因此，“挑战者号”的调查也让人们关注到，将同一运载火箭多次送入轨道会遇到的障碍。由于NASA工程师们不得不努力仔细检查和进行额外的整修，以防止事故的发生，可重复使用性的好处逐渐减少。航天飞机被期望达到的每年飞行多次的能力，并未像NASA当初预见的那样得以实现。这不是一次简单的折返：准备一架使用过的航天飞机的飞行，需要经过超过120万道不同的程序。这直接增加了开支，而且额外花费的时间也使得利用高飞行率来分摊成本变得很困难。

看到关于可重复使用的试验结果后，美国太空智囊团认为，如果要将卫星送入轨道，并且不拿人命冒险或者抢银行，那么一次性使用火箭才是最佳方案。然而，当里根总统告诉全世界NASA将不再尝试发射私人卫星时，其实他们也没有其他选择了。事实上，由于航天飞机的缘故，一次性发射的运载火箭已经被市场拒之门外了。航天飞机承诺的飞行率，以及政府对每次发射时租用航天飞机宽敞货舱提供的5 000万美元的补贴，使得大多数美国火箭制造商在10年前就搁置了自己的业务。

1980 年，政府还帮助说服了欧洲一家财团赞助一家火箭制造商阿利安太空公司（Arianespace）。

事实上，美国只依靠一种太空设备的情况令一些美国人感到忧虑，尤其是在航天飞机项目延期，成本超支时。但直到“挑战者号”的失败，政府才不得不面对其政策失误的后果。

“政府把自己所有的鸡蛋都放在了一个篮子里。”约翰·加维，一位资深的航天工程师告诉我。加维在“挑战者号”灾难发生的那一年开始了自己的职业生涯，随后几十年分别在麦道公司、波音公司，以及众多太空初创公司负责火箭技术研发。“航天飞机是有缺陷的，因为它试图做的事太多了，但最终却没有做好任何事。政府每隔 10 年就会尝试这样做一次。”

随着美国现在四处寻找一次性使用的火箭来收拾残局，一小批可靠的国防工业承包商被要求恢复它们处于休眠状态的供应链。

麦道公司挺身而出，重新开始生产“德尔塔 2 号”火箭这种从本来被设计用来跨洋运送核武器的洲际弹道导弹改装而成的火箭。“德尔塔 2 号”的二级火箭是从 20 世纪 50 年代美国第一枚发射卫星的火箭那儿继承下来的。同时，洛克希德·马丁公司也组装了“泰坦 4 号”火箭，其同样也是来自冷战时期的洲际弹道导弹。这些“继承派”火箭能够发射 GPS 和情报收集卫星，而不需要让宇航员在常规任务中冒险。然而，很快美国就意识到，依靠旧技术并不是解决问题的办法。1994 年，空军的一项研究发现，每年，火箭故障和延期产生的成本高达 3 亿美元。1997 年“德尔塔 2 号”的爆炸只是这一趋势中最广为人知的一个例子而已。

美国航天界意识到，美国需要的是一个新型的一次性火箭发射系统。开发和测试运载火箭并不便宜。政府估计，基于继承下来的旧技术制造火箭将花费至少 10 亿美元，而完全从头开始开发新技术，可能需要花费 50 多亿美元。由于新技术的成本过于高昂，政府决定采用“进化”的方法，即不是从 0 到 1 式地创造一种新的航天器，而是基于可靠技术对航天器进行一步步优化。然而，为一项耗资数十亿美元的开发项目提供资金并不适合加入政府的愿望清单。这一计划是在克林顿政府与国会之间激烈的预算之争的背景下形成的，而其最终以一场颇具争议的政府停摆告终。

尽管如此，政府还是找到了一个解决资金这个长期以来太空业务中最大问题的方法。政府相信，由于新的火箭将产生大量的私人卫星发射业务，因而航天公司会注入自身资金。然而，1994 年国防政策分析师写道：“显著拓展火箭发射市场的机会是有限的。”不过，到了 1998 年，政府基于私人领域激增的火箭发射需求与火箭制造商签订了一系列合同。发生了什么变化？简而言之：互联网。

对新火箭的探寻也发生在一场更大的革命背景下：数字技术的兴起。计算机作为一种消费工具越来越为人接受，而互联网也更像是一个公共平台。私营部门的技术人员开始成为文化英雄，他们与几十年前的宇航员们一样将现代技术的钢铁魅力与对新未来的大胆畅想结合在一起。1994 年，当政府重新评估其太空技术战略时，微软创始人比尔·盖茨和保罗·艾伦正在商业世界中占据主导地位，并承诺通过数字工具提高生产率。埃隆·马斯克和他的兄弟金巴尔刚从大学毕业，正在硅谷为他们的第一家初创公司 Zip2 租用办公空间，Zip2 是一种将当地信息放到互联网上的尝试。与此同时，杰夫·贝索斯刚刚从华尔街公司德劭基金（D.E.Shaw）离职，开始实现被他和他的同事们称为“万物商店”的远大理想。

事实上，当时美国政府正在构想一个火箭项目，即人们后来熟知的“EELV”（改进型一次性运载火箭）项目，而马克·安德森创造的图形化网络浏览器网景（Netscape）也即将问世。对比一下这些组织的行动速度：政府花了 4 年时间最终确定了一个建造新火箭的战略，并将其正式写入文件。而在同样的时间里，网景公司推出了自己的浏览器，上市，被美国在线（AOL）以 42 亿美元的价格收购，并在此过程中为一场反垄断诉讼奠定了基础，该诉讼将终结微软台式电脑的垄断。在同样一段时间内，贝索斯创立了亚马逊，带领其上市，开启了这家未来电子商务巨头的统治之路。

这场快速发展的数字革命将太空探索的两大关键要素集中到了一起：海量的资本和大量热情洋溢的支持者。计算机已经开始在经济中占据主导地位，至少在业内人士心目中是如此。那么，为什么不将其推广到太空中呢？

卫星星座计划的激增，如全球通信卫星系统、铱星、天空之桥（SkyBridge）、全球之星等，暗示了即将迎来爆发式增长的火箭发射需求。仔细看这些 20 世纪 90 年代的计划，参考高爆炸性航天器的奇怪定价标准，会发现洛克希德·马丁公司、麦道公司，还有波音公司关于新运载火箭的定价相当低。EELV 计划设计者们设想的火箭能够携带至少 10 吨货物到近地轨道，携带 5 吨货物到对地静止轨道。他们认为，每次火箭发射的成本将在 5 000 万美元至 1.5 亿美元之间（以 1994 年美元为参照）。洛克希德·马丁公司和麦道公司各自以 5 亿美元的报价赢得了开发合同，而波音公司很快就收购了麦道公司。

1998 年洛克希德公司经历了一次“可靠”的旧式火箭的发射失败。这是一枚尝试从卡纳维拉尔角发射的导弹预警卫星。值得信赖的“泰坦 4 号”火箭在发射后 41 秒解体，卫星和火箭因而彻底毁坏。这次，倒是没有汽车损坏。但是，卫星和火箭总共耗费了 13 亿美元，这次爆炸是一种巨大的浪费。调查人员确定，是一根裸露的电线导致制导电脑短路，从而引发了火箭无法承受的方向突变。紧张的空军将领和 NASA 科学家们，现在公开地为他们的发射计划而感到不安。

好消息是，波音公司准备推出新一代德尔塔火箭，它将是将火箭外包给私营公司的新战略取得第一个进展的标志。众所周知，“德尔塔3号”火箭将于两周后的8月27日，在卡纳维拉尔角完成其首次发射。泛美卫星公司（PanAmSat）做出了一个令人惊讶的冒险决定：这枚新火箭在首次飞行时将携带一颗真正的通信卫星上天，而不是一个模拟的有效载荷。

新火箭在升空后71秒爆炸。

当它飞行时，3个固体燃料火箭助推器一齐缠到了火箭主体上，火箭开始摇晃，这是设计者们没有料到的情况。为了保持直线升空，火箭的制导电脑勇敢地与振动进行搏斗，就像一位赛车手为了避免在险境中失去控制而猛打方向盘一样。这样的行为起了作用，不过仅仅是暂时的：在经历了如此多次意想不到的操作后，控制火箭的液压系统中的液体耗尽。就像赛车手松开了方向盘一样，火箭失去了控制。它进入了速度超过音速的高空乱流中，被扭曲，之后被撕裂。

“这就像是被一拳打在肚子上一样。”卡纳维拉尔角指挥官、空军准将兰迪·斯塔巴克这样告诉记者。

两家航空巨头关于工程业务有着类似的做法，即对于难题发起全面进攻的做法。波音公司的一位前雇员告诉我：“波音公司倾向于用一群人来集中攻克一个难题。这就像是在碾压一个问题。它是一家相当大的大型航空航天企业。”这是有好处的，但是一个依赖于绝对规模的组织，可能会得组织动脉硬化症。“你可以调整指标，让它们在很长一段时间内看起来正常，但这是在把问题推到未来，”工程师担忧地告诉我，“我们会把东西放上火箭，但不会测试它。我们对它在卡纳维拉尔角测试时会出现问题心知肚明。但那是未来的事，运送火箭的人可以获益，然后回家。如果你足够聪明的话，就会在那天到来之前转到另一个项目去。”

不到一年，在 1999 年 4 月，又有两起事故发生。同样是美国空军寄予厚望的洛克希德公司的“泰坦 4 号”火箭。两个小错误，明显是质量控制上的问题，导致了任务的失败。其中一个事故中，隔热胶带被包裹在了错误的电线上，两级火箭因而无法完全分离；另一个事故中，错误编程的制导软件导致二级火箭的燃料在飞行途中耗尽。这两次故障将昂贵的卫星送入了距离它们目的地数千英里之外的无用轨道上。

几天后的 5 月，“德尔塔 3 号”尝试了第二次飞行。这一次，新助推器完成了它的任务，把第二级火箭和卫星成功送入太空。但是，第二级火箭内的发动机由于焊接不当，在飞行过程中破裂，使得火箭失效，价值 1.45 亿美元的卫星有效载荷成了环绕地球漂流的又一块太空碎片。

“我想，这大概是美国发射史上最糟糕的时刻之一了，”空军太空司令部前负责人告诉《华盛顿邮报》，“老式火箭并不奏效，而有些新火箭同样也没起到什么作用。”

第 3 章　火箭垄断者

在下一个世纪，太空优势将成为强国的关键。

——美国空军少将詹姆斯·阿莫

两年中 6 次失败的发射，使美国政府的损失超过了 35 亿美元。除了损失纳税人的钱以外，失败还反映了令人担忧的缺乏创新的问题。不仅老式火箭没有发挥作用，为了替代它们而开发的新型火箭似乎也没准备好完成任务。美国曾一度吹嘘自己在发射领域占据主导地位，但正如未来将担任 SpaceX 总裁的格温·肖特韦尔多年后所说的那样，这种创新能力正在逐渐消失。她说："我们在 20 世纪 80 年代和 90 年代初还拥有它，但却轻易地放弃了。"到了 2000 年这个被一代科幻小说作者用作太空时代开端暗号的年份，美国仍然没能解决 14 年前"挑战者号"灾难所带来的问题。

不过，科幻小说读者的梦想，对于那些管理太空项目的人来说，并不重要。此时此刻，美国没有时间去享受全球霸权带来的荣耀，因为它丧失了进入轨道的能力。美国军方迫切地想要进入太空，尤其是因为它在后苏联时代和前"9·11"时代，有了全球警察这一新身份。在萨达姆·侯赛因的伊拉克上空建立禁飞区这一当时最有效的军事手段，依靠的是卫星通信、成像和定位技术。如果失去在轨道上维持卫星星座运行的能力，美国将无法在全世界范围内部署军事力量。而且，这甚至意味着全球经济将陷入危机状态：如果没有确保贸易路线安全和强制执行全球安全公约的能力，整个国际体系可能会瓦解。

然而，尽管美国政府投入了 10 亿美元和数年的不懈努力，私营公司仍未交付一枚真正可用的火箭。洛克希德·马丁公司用于替代“泰坦 4 号”的名为“宇宙神 5 号”的火箭，距离投入使用还有两年时间。2000 年 8 月，波音公司的“德尔塔 3 号”火箭尝试进行第三次发射。这一次，工程师们装载了一颗虚拟卫星，而不是用真的卫星去冒险。这一次火箭和发动机倒是都没爆炸，但是火箭与其运送目的地相差千里。尽管如此，波音公司仍声称测试成功地证明了其系统的可靠性。

不过，那将是“德尔塔 3 号”火箭的最后一次飞行：波音公司搁置了该项目，将所学到的教训用于为 EELV 项目开发一种新的、更强大的新火箭“德尔塔 4 号”。然而，高管们小看了这项工作的挑战性。

加维告诉我：“它是在错误的假设下售出的。它是作为‘德尔塔 2 号’的升级版销售出去的。因为‘德尔塔 2 号’非常成功，而且我们知道该怎么做，毕竟我们已经做了 35 年了。但那是一种不道德的宣传：以这种方式销售，是因为希望客户和保险公司来购买它，而那实际上是非常高风险的一步棋。”

加维回忆起他在卡纳维拉尔角见证“德尔塔 3 号”火箭第一次发射失败时的场景。波音公司的团队并没有真正的故障响应计划。“营销人员说那会向客户传达一个错误的信号。”加维说，这反映了一种听天由命的“我们不能失败”的心理。当火箭解体时，管理者们争先恐后地做出回应。他们需要找出问题所在，但他们强制命令团队成员将所有笔记本电脑和文件都留存在控制室里。之后，这群工程师被送回了加利福尼亚，他们要在没有任何资料的情况下，弄清楚到底出了什么问题。

不过，这些公司确实从它们代价高昂的失败中吸取了教训。2002 年，新 EELV 火箭“德尔塔 4 号”和“宇宙神 5 号”第一次成功发射。到了 2004 年，这些火箭成功地完成了 6 次发射。其中只有 2 次是为政府发射的。这远低于1998年第一次设想的每年平均10次的发射频率。但是，太空业务往往需要在两个优先事项中找平衡：可靠性和价格。既然现在火箭已经能够成功发射了，那么天平开始倒向另一端：价格将成为下一个问题。

波音公司和洛克希德公司的高管们来到五角大楼，十分恭敬地抱怨他们无法以最初商定的价格出售火箭。政府整个计划的基础便是扮演新火箭的二级用户，通过新兴的商用太空产业来为开发成本买单。但是，这个市场根本没有成为现实。

随着互联网泡沫的破灭，华尔街对资本密集型技术犹豫不决，那些最大、最有吸引力的卫星计划，如铱星、全球之星、国际海事卫星（Inmarsat）和全球通信卫星系统，在世纪之交时都已破产。卫星通信的商业环境仍每况愈下。不断增长的手机普及率，为笨重且经常不听使唤的卫星电话展示出了一种更为廉价、有效的替代方案。海底光缆蚕食着全球通信卫星系统的市场份额。

另一个非受迫性失误是美国国会于 1999 年实施的旨在阻止美国技术被泄露到国外的保护主义规则，其本被期望能够激励国内发射产业，但其产生了相反的效果：欧洲卫星产业的蓬勃发展，转而提升了欧洲火箭的竞争力。美国企业将目光转向由欧盟、俄罗斯和中国政府补贴建造的火箭，例如，美国最成功的太空业务之一，即现在的美国直播电视集团（DirectTV）背后的卫星星座，就是在国外发射的。很快，除了政府卫星之外，美国火箭几乎没有可以发射的卫星了，这可害苦了两家最大的火箭制造商。

“如果你是为了获得高利率而定价，却只实现了低利率，你就会一败涂地，”时任洛克希德工程师的乔治·索尔斯说，当时他在“宇宙神

5 号”火箭上工作，“那就是波音公司和洛克希德公司的遭遇。”

现在，火箭制造商们抱怨称它们需要提高火箭售价，否则根本无法继续经营下去。

政府审计员们估计，由于缺乏商业市场，EELV 火箭项目的成本将增加近 80 亿美元。加上其他因素，预期成本将总计超支 130 亿美元以上。在 2004 年，这一成本的巨大增长拉响了用来防止政府开支失控的警报，这就要求国防部部长唐纳德·拉姆斯菲尔德正式向国会证明，这项计划对国家安全至关重要。他也确实那么做了。国防部仍然声称该计划是成功的，他们从老牌火箭发射商那里降低了 50% 的成本。令人担忧的是，审计员们却冷冰冰地报告说，他们“无法核实报表或进行预测”。

EELV 项目早在 10 年前就被构想出来了，但是它的火箭很难证实有效。事实上，政府工程师担心两家公司这两种运载火箭的过度振动，会导致灾难性故障。但是，军方别无选择，只能接受火箭公司的要求。美国军方迫切需要进入太空，而且也为此投入了大量的资金，但两次发射后，仍未取得任何实质性的结果。

提出的第一个解决方案是对 2004 年版合同进行修改，这样两家供应商就都不会“陷入一种试图竞争或濒临破产的死亡旋涡中”。除了支付为发射美国卫星而购买的每枚火箭的固定费用外，政府还要开始支付每年的附加费用，这本质上是为了保证两家供应商的利润，这些附加费用来自“发射场地和工厂设施的折旧和摊销（包括生产工具），租赁成本，发射与测距操作，任务整合与保险，特殊研究，项目管理与系统工程，培训，供应商准备与运输”。除去利润后，每家公司的成本初步估计为每年 3 亿 ~3.6 亿美元。

但这一计划还不够。“在经历了几年的大出血后，两家企业告诉政府，‘除非有所改变，否则公司就完了’。”索尔斯解释说，“在吵得不可开交的房间里，官员们表示，政府不希望任何一家公司退出，希望能够有两个独立的系统，因此解决方案是把两家公司都保留下来，放在同一个阵营下。”

于是，伟大的火箭产业垄断者 ULA 诞生了。政府官员们的想法很简单：将波音公司和洛克希德公司的发射部门合并，创建一个合资企业，这样它们就能够获得规模效益，共享设备和人员。与此同时，这对两家火箭公司来说也是一个惊喜，毕竟两家一直是长期的竞争对手。

索尔斯说：“我一开始很反感这个想法。我曾经是宇宙神项目中的一员，德尔塔项目是我们的死对头，而且我们已经快要赢了。该死的。”在合并前的几年里，波音公司实际上还因违反商业秘密规定而受到了政府的惩罚。当时，波音公司刚雇用的一名工程师的工作间被发现堆放了约 25 000 页洛克希德公司的内部文件，这些内部信息将提升波音公司在火箭发射上与洛克希德公司竞争的能力。2003 年，作为惩罚，美国空军将波音公司价值 10 亿美元的 7 次发射订单，给了洛克希德公司。一直持续到了 2005 年的诉讼和刑事调查为这场平息了所有纠纷的合并铺平了道路。

索尔斯说，这两家公司，在财务上都是“倒在血泊中”的状态，因而不得不采取行动。唯一的问题是什么？严格来说，垄断是非法的。波音公司和洛克希德公司一宣布它们的计划，联邦贸易委员会（FTC）就提起了阻止合并诉讼。法律的条条框框被打破了，因为军方出面为两家公司辩护，声称这是美国进入太空的唯一途径。

尽管如此，美国国防部副部长肯尼思 · 克里格对此太空项目的意义却闪烁其词。“对于 ULA 的创建，最负面的看法是，它必然会对竞争产生不利的影响，包括长期价格的上涨，以及创新和反应能力的降低。尽管双方声称该合资公司将会为国防部节省大量资金，但对这些节省下来的开支进行仔细核查后，我们得出的结论是，虽然节约成本有吸引力，但也不足以弥补竞争缺失所带来的损失。”

克里格总结道，所有这一切最终都无关紧要，他告诉监管机构：“没有太空，美国就失去了保证国家安全的能力。”他引用了一个数据：1991 年，美国入侵科威特和伊拉克期间，只有 9% 的美国弹药是由卫星精准制导的，而到了 2003 年美国入侵伊拉克时，这一数字已经上升到 67%。这对飞行员的安全来说是至关重要的，因为在第一次海湾战争中，摧毁一个目标需要出动 8 架次飞机，而现在只需要 1 架次飞机就可以了。

联邦贸易委员会最终还是允许了合并，但有一些条件，主要是为了确保 ULA 没有给予其母公司特殊待遇，因为其母公司也在为这些火箭生产大量硬件。美国国防部承诺，新进入者每年都有机会参与合同的竞争，但在接下来的 4 年里，他们从未公布过参与竞争所需满足的条件。

ULA 至今仍饱受争议。它的支持者指出，ULA 有着良好的发射历史，它的火箭几乎没有出现过故障，能够将国家安全卫星安全地送入太空。无可争议的是“宇宙神 5 号”在其记录在案的 80 多次发射中，从未出现事故，而“德尔塔 4 号”也仅仅出现了屈指可数的几次部分故障。但是，ULA 的发射价格持续上涨，表现却几乎没有变化。ULA 火箭价格较其欧盟、中国和俄罗斯的竞争者们的火箭来说，高出数亿美元。其火箭发射一次的平均成本约为 4 亿美元，并不比它所替代的老式系统要便宜多少，虽然其效率确实要高得多。而且，ULA 每年还能获得一笔附加的年度补贴，用于维护其基础设施。预计到 2018 年，这笔附加补贴将累计超过 10 亿美元。

“这对波音公司和洛克希德公司来说是相当好的一件事，”索尔斯告诉我，“它们对高风险的商用发射业务已经不感兴趣了。它们希望有安全且有经济保障的附加补贴。”那份经济保障是真实存在的：尽管两家军工巨头并未公布 ULA 的收益，但从被披露出来的信息中可以看出，两家公司在合资公司建立的前 10 年里获得了 30 多亿美元的收益。这并不是两家公司收入中的大头，但也确实足够丰厚。不需要在研发上投入大量资金或担心竞争，每年还能获得稳定的回报，听上去真是一笔好生意。

最终，美国军方得到了它想要的结果，进入了太空，但太空事业本身却停滞不前。政府没有为使ULA变得更加高效提供什么激励政策，而这个行业也认为没有推动竞争性私人发射业务或开发新技术的必要。尽管互联网泡沫破灭所带来的痛苦已然消散，技术投资者们也重新审视了太空业务，但是不断上涨的发射成本意味着，任何计划通过卫星赚钱的人，都应将目光投向海外，或是干脆搁置他们的计划。即使是在NASA内部，在太阳系内外策划研究任务的科学家们也知道高发射成本将会成为每个提案的限制因素。

这些后果其实很容易预见。但产生这样一个掌握320亿美元公共事业投资的高科技产业垄断者，却并未引起太多关注。当时，国家安全方面的焦点集中在日益恶化的伊拉克战争上。公众一般很少接触火箭业务，军工巨头的产品往往是卖给政府或大型企业的，因此公众对它们并不太关心。

但是，时刻盯着国家钱包的国会又如何呢？当然，钱包有很多类型。波音公司和洛克希德·马丁公司以各种形式为政府服务长达75年，它们太知道该从何处下手了。在2006年，当它们的合并提案交由政府审核时，波音公司花了超过900万美元，洛克希德公司花了超过1 000万美元，雇用华盛顿有影响力的人来为它们顺利通过监管审批铺平道路。两家公司还向当年参加选举的候选人提供了总计400万美元的赞助。可能最重要的是，两家公司在亚拉巴马州、佛罗里达州、科罗拉多州和加利福尼亚州等州拥有大量生产设备和工厂，这给了它们通过的特权，因为国会议员们不愿看到数百甚至数千个高薪、高科技工作岗位消失。

帮助美国火箭摆脱困境的垄断者，很大程度上是秘密行事的。

但是，有一个组织特别积极地抗议这个交易：3年前埃隆·马斯克创立的一家鲜为人知的火箭公司。马斯克现在是一个名副其实的百万富翁。他卖掉了他的两家公司，成功地避开了科技泡沫的破灭。

那时，SpaceX 还没有发射过火箭，但宣布了开发 EELV 级别火箭的计划，并将其火箭命名为“猎鹰 9 号”，其计划与波音公司和洛克希德公司竞争政府合同。当 ULA 合并案还在审核阶段时，SpaceX 公司的律师给联邦贸易委员会寄了一封抗议信，声称合并的理由完全是一派胡言，其要求 ULA 放弃它的附加补贴，并通过披露其总成本来竞争发射合同。SpaceX 还要求空军停止在 5 年的批量采购中分配发射任务的行为，转而为每次发射举行竞争性投标，因为之前的规定可能会使 SpaceX 数年内都无法进入国家安全市场。

“关于国家安全的模糊声明，似乎胜过了对竞争影响的担忧，即使竞争是促进创新的关键，而且对在可持续的基础上保护国家安全至关重要。”SpaceX 的律师写信给委员们，指责他们“在很大程度上忽略了一个事实，即如果这个垄断合并提案进行下去，将会对美国的发射服务行业的竞争造成巨大危害”。

这种抗议，折射出马斯克做生意的特点：原则与机会主义并存，横行霸道。“合理的并购执法是自由企业制度的重要组成部分，有利于美国公司的竞争力和美国消费者的福利，”SpaceX 信中愤怒地总结道，“竞争将会带来更多创新和优质的产品，竞争才是保护国家安全最好的方法。”

联邦贸易委员会并未被打动，或许是没抓住重点。它指出，由于波音公司和洛克希德公司“在成本上无法与市场领先企业竞争……因此，在商用发射服务市场中，似乎没有潜在的消费者会受到伤害”，这表明联邦贸易委员会并不认同 SpaceX 的控诉。监管机构拒绝接受这家刚刚起步的航天公司关于公平交易的想法。实际上，它在很大程度上并不看好广为人知的 SpaceX 和其他任何试图在美国制造新火箭的公司。联邦贸易委员会得出结论称：“在可预见的未来，SpaceX 成功进入相关市场的可能性不大。”

一年后，兰德公司发布了一份由政府授权的关于发射市场的研究报告，其同样持怀疑态度："目前对'猎鹰9号'的评估尚不清楚……缺乏发射经验引发了发射价格合理性的疑问……（以及）使得客观评估这种新型运载火箭的实际成本变得极为困难。"

这些评估者并不一定是不公正的。毕竟，尚未有新的公司进入轨道发射市场。之前的火箭在某种意义上来说，都是由政府设计、为政府所用的。他们刚刚看到世界上最成功的两家航空公司，在政府的支持下苦苦挣扎10年，才创造出新火箭，却至今没能开发出一个可行的业务。而且，直到2006年年底，SpaceX才尝试发射了一枚小火箭，更令人不安的是，由于燃料泄漏，火箭几乎立即就爆炸了。因此，这家新公司对庞大的两家承包商联盟的指控，就像是一只老鼠对着一头大象吱吱叫。

不过，航空产业是一个小圈子，有消息称，SpaceX公司对那些厌倦了大型航空航天公司的工程师们有着很大的吸引力，正如SpaceX的一位早期员工对我说的那样："整合他人的技术。"DARPA（美国国防高级研究计划局）是美国军方投资突破性技术的风险基金，其投资过早期互联网，其对SpaceX公司的计划感到好奇，并考虑给它一份合同试试。同时，被硅谷的神秘感所笼罩的马斯克，将自己的1亿美元资金都投给了SpaceX公司。

索尔斯说："我在很早之前就注意到了SpaceX，在高层管理人士们真正把它当回事儿之前。"有一天，索尔斯戴着一顶在贸易会议上得到的SpaceX的帽子参加了董事会会议。"很多人都在嘲笑和怀疑，他们说：'是，是，是，这种事我们见多了。这个叫埃隆·马斯克的家伙到底是谁呀？他永远都做不到我们所做的事。'"

第 4 章　互联网人

生活所需要的，不仅仅是解决每天的问题。你要觉醒，对未来感到兴奋，并受到启发。

——埃隆·马斯克

等待听演讲的人们鱼贯而入：成群的学生和他们的监护人在嘈杂的人群中穿梭。年轻的工程师们已经坐在前排，等待一睹他们心中英雄的风采，而年长的科学家们，则准备对演讲内容进行批评。没有哪个工程师、天体物理学家或技术专家的研讨会不想邀请野心勃勃的“摇滚明星”马斯克做主题发言的。在 2016 年的一场国际太空研讨会中，成千上万的与会者挤入一个小房间，来听马斯克描绘他关于多星球文明的计划。

这种魅力的根源，源自他敢于公开谈论那些经验主义者因自尊心羞于大声说出来的东西。几乎所有的 NASA 工程师在面对“人类是否已经具备了前往火星的能力”这个问题时，都会告诉你，这是一个巨大的挑战，背后的大部分工作已经持续进行了很多年，现在最大的难点在于，说服一个人支付巨额费用前往这样一个目的地，而不是陆地上的一堆优先选择。

但你要是问马斯克这个问题，他会用他略带南非口音的英语说道，他能在几年内实现这一目标，仿佛这是个很傻的问题。马斯克已然研究过这个问题，他可以把成本降到足够低的水平，这样就会更容易让人们相信在 10 年内派人完成一个殖民地开拓任务是可行的。真见鬼，他正在想办法为计划筹措资金。看看他的幻灯片就能发现。

关于人类星际旅行能力的真相，就处在这两种观点之中的某个位置，而当前技术与愿望之间的鸿沟，恰恰成了马斯克取得成功的机会。

2017 年 6 月，他在于华盛顿特区召开的关于国际空间站的科学与商业用途的会议上，探讨了这一鸿沟。国际空间站，是一个位于赤道上方 249 英里处的足球场大小的轨道实验室，是人类建造的最昂贵的单个物体，耗资超过 1 500 亿美元。虽然人类曾花过更多钱，如建造中国的高速铁路系统（3 000 亿美元），开发成千上万架美国联合攻击战斗机（每架 4 亿美元），但国际空间站是人类唯一的太空边境前哨站，它独自矗立在太空中。自 2000 年以来，宇航员一直不断前往太空，并在微重力条件下完成有价值的研究。开发、建造和维护国际空间站，是 NASA 在 20 世纪 90 年代和 21 世纪最主要的太空探索成就。

如今，为空间站服务是 SpaceX 的关键业务项目。马斯克穿着他标志性的公关制服（一套深色西装、一件白色衬衫），在地下室的礼堂里，展示他的私人火箭公司和 NASA 之间的团结。“我不认为，公众意识到了国际空间站到底有多酷。”他称，“我们有一个超大的太空空间站，它真的很大！”

人群中挤满了 NASA 的雇员、学者和太空企业家，他们都渴望能在问答环节中向这位火箭制造商提问。问题从技术相关的（“你如何处理与新重型火箭相关的风险？”）到推测（“一个世纪后，火星上是否会爆发殖民战争？”）再到奉承。一个女人带着她的一双儿女来到现场，说道：“人们现在对你的想象，就像我在这个年纪时对麦当娜的想象一样。”

马斯克笑着回应道：“那你应该看看我跳舞。”

事实上，他在火箭圈中并不总是那么受欢迎的。他那天提到："在我刚进入太空行业时，他们曾叫我'靠互联网发家的家伙'。"

活动结束后，我到后台采访马斯克。在他开会的演员休息室外等待时，我和马斯克的办公室主任对着一个6岁小粉丝带到活动现场的手绘纸板开起了玩笑，尽管其中的文字游戏有着明显的父母帮助的痕迹，纸板上写着：我们不能都得到埃隆吗（Can't we all get Elon）？当门终于打开时，马斯克出现了，我举起其中一个孩子的纸板，上面写着："马斯克先生，我能问你一个问题吗？"

不过，他没有被逗乐。比尔·格斯滕迈尔出现在他身后的门前，比尔是NASA高管，负责航天行动，他胡子浓密，永远愁眉苦脸的。"格斯特"这位在太空界备受尊敬的高管，实际上是NASA与SpaceX对接的负责人。认识到SpaceX工作的重要性，以及严格要求SpaceX的重要性后，这位经验丰富的工程师为在公共场合支持马斯克的努力与在私下里严格要求绩效表现之间，进行着微妙的平衡。

几分钟前，在台上，马斯克不得不承认，向火星发射一艘小型航天器的计划推迟了。由于完成将航天器送入太空的演示任务会影响SpaceX为NASA建造载人航天器的任务，因此公司决定以其最重要的客户为先。在一个创收项目上取得进展，对SpaceX的商业愿景是有利的，但放弃"红龙"计划，即火星任务，对马斯克来说显然很痛苦。SpaceX的整个历史都与将人类送到那颗红色星球（火星）密切相关。在项目成立16年，他终于能够将一些东西送入太空时，这个项目却不得不搁置了。

马斯克跟我打招呼，握了握手，然后又对他马上就要离开表示了歉意。他的3个助手，身材高大，穿着剪裁考究的西装，梳着时尚的发型，开始互相用耳机沟通如何快速、安静地将马斯克转移出大楼，是走侧门还是车库？

最后，我终于能够一探马斯克的内心。我们坐下来交谈。很快，我就明白，这位亿万富翁没有心情重温旧事，他回答了我关于 SpaceX 是如何起步的问题，但仅半个小时就停了下来。“我有太多优先事项了。”他说，随后开始抱怨从加利福尼亚起飞的早班航班带来的时差，并告诉我，他会根据那些会议对太空事业产生影响的大小来判断是否需要参加。

马斯克变化无常，无法耐心跟“傻瓜”交流，也很少跟媒体打交道。以前，他会指责那些不符合他高标准的员工没有奉献精神，不够努力。他显然不怎么喜欢重温过去。但如果和他讨论关于迭代发动机的推动压力，或者火箭在高超音速情况下通过大气层的物理现象的话，他整个人都会被点燃（当他估计一个试验可能会发生重大错误，提到“个人能耐”，承诺一个“保证会令人感到兴奋”的活动时，他实际上是很高兴的）。马斯克称，他 80% 的时间都用于处理工程问题上，这是一种高管教练会质疑的时间管理方法，不过对他似乎效果不错。

然而，抛开硬科学、反社会行为，马斯克可以说是 21 世纪最伟大的人道主义者之一。他一在互联网热潮中获得了财富，就将自己的资金投到了 3 个地方：SpaceX、电动汽车制造商特斯拉和可再生能源公司太阳城。这 3 家公司的建立都是为了服务于人类文明的进一步发展，后两家公司源自马斯克对全球变暖后果的担忧，而第一家则产生于他对地球脆弱性的认知。SpaceX 之所以存在，是因为马斯克希望人类文明能够成为一个多行星文明，如果这个星球出现了问题，人类还能前往强大的备用星球。这与口号是“没有行星 B”的环保运动支持者的立场大相径庭。对马斯克来说，这个逻辑相当清晰。

“我个人积累财富的主要原因，就是为此提供资金，”他在 2016 年的一场高级火箭设计展示会上说，“我真的没有任何积累个人财富的其他动机，我只想为使人类文明成为多行星文明做出最大的贡献。”

人们似乎不太相信这位连续创业者关于其公司目标是促进人类福

祉的说法，尽管他将个人资产投到了可再生能源产业中，他仍然因为加入了白宫顾问委员会，试图推动美国总统唐纳德·特朗普采取更明智的气候政策，而被左翼人士嘲笑，即便他之后为了抗议特朗普退出一项国际气候协定而辞职。同时，他又因为愿意接受政府对新技术的支持而受到右翼势力的政治攻击。有些投资者将他的公司看作浪费时间、金钱的无用机构。一位对冲基金运营商告诉我，马斯克创造了一些美国金融史上摧毁股东价值的最杰出计划。2016年，特斯拉与太阳城的合并，就上演了一出公司治理的闹剧。

NASA和太空界中的许多人，尤其是与阿波罗计划一同成长的先驱们，在最好的情况下，将他看作一个半吊子，而在最坏的情况下，则认为他是一个被野心冲昏头脑，从而将自己的宝贵资产转移到“真正的”太空探索中的人，不过幸运的是他的公司将美国太空计划从一场公共灾难中解救了出来。

在马斯克飞往他的下一个目的地之前，我问他为什么当他谈论火星时，人们都不相信他，尽管他10年来一直都在打这些反对者的脸。他喃喃地说：“大概是因为这听起来很荒谬吧。”

当我问及他是如何建立起这家用可重复使用火箭震惊了太空界的公司时，马斯克沉默了几秒。

“当然，我们经历了地狱。”他说。

这条通往地狱的路，是用善意铺就的。2001年，马斯克正处于无所适从的阶段。1999年，他以3亿美元的价格把自己的广告公司Zip2卖给了康柏公司，获得了2 200万美元奖金。在线支付公司贝宝是马斯克的下一家合资公司，这家合资公司是彼得·蒂尔的金融初创公司Confinity与“X.com”合并后组成的新公司，当时也取得了巨大的成功。但是，仅仅一年时间，在与其他高管发生冲突后，马斯克就被迫辞去了合资公司的首席执行官一职。不过，无论发生什么冲突，他仍然是贝宝的顾问，也是该公司最大的投资者。

于是，在他 30 岁那年，他重置了自己的人生。他结婚了，从他开创事业的旧金山湾区搬到了洛杉矶。由于在南非度假期间感染疟疾，他身体极度虚弱，甚至濒临死亡。尽管血液中的寄生虫差点儿要了他的命，却依然没有动摇他创业的决心。他在硅谷的同龄人们都在创业，他也有同样的打算。然而，他的新公司将拥抱比一家企业所能够实现的最大愿景还要宏伟的愿景。尽管他将数字化引入广告行业和金融领域的努力本质上是机会主义的，但他的新公司也有自己的使命。出售 Zip2 后，手握数百万美元的马斯克，开始探索慈善事业。

他早期的一个行为是，写一张 5 000 美元的支票，在未受邀请的情况下，前往洛杉矶参加一场由火星学会组织的筹款晚会。火星学会是一个非营利组织，创立于 1988 年，致力于人类对火星的殖民。该组织由一位路德会主教和一位核物理学家领导，这很明显让人意识到，维持这样愿景的努力，是需要信念和理性的精确组合才能成功的。其中的核物理学家就是学会的负责人罗伯特·卓比林，他是前洛克希德公司工程师，现在经营着一家小型航空咨询公司。在他的指导下，学会举办会议，出版期刊，并赞助研究任务。在他们的研究任务中，一小群人被送往偏远的地方研究隔离对星际殖民的心理影响。

马斯克与卓比林谈到了能够引起人们对人类火星任务可行性的注意的新方法。两人最喜欢的书是 1993 年金·斯坦利·罗宾逊出版的一部引发轰动的史诗级科幻小说《红色火星》（*Red Mars*）。这本书和它的续集的背景是一个未来的火星殖民地，书中，一支执行国家资助任务的由科学家和探险家组成的团队在火星上建立了一个新的社会。不过，故事避开了外星人和其他太空幻想。书中描述了使用火星资源来维持一个殖民地运转的技术，以及关于行星殖民的政治影响的想象，该书在真实太空界赢得了众多粉丝。

这就是那种让不可能的事情看起来可以实现的文学作品。几乎每个研究火箭的人的图书馆中都有着一朵文学花蕾，不管是海因莱因，艾萨克·阿西莫夫，还是阿瑟·C.克拉克。马斯克偏爱道格拉斯·亚当斯和他的《银河系漫游指南》。早在1898年，美国火箭先驱罗伯特·戈达德就因为加勒特·瑟维斯的《爱迪生征服火星》而感到兴奋，该书是H·G.威尔斯的《世界大战》精神的续集，这本书描绘了在“美好时代”中，以托马斯·爱迪生、开尔文勋爵和廉姆·伦琴为首的科学家联盟成员领导的一支国际太空入侵力量。在《红色火星》的想象中，星际探险者是在2026年出发的，这对马斯克和卓比林来说似乎是一个合理的目标。如果现在听起来都有些疯狂的话，试想一下，在马斯克还没发射一枚火箭之前，这话听起来如何。

殖民火星的第一个障碍是旅行的费用。阿波罗计划之后，NASA立即就设想了将人送上火星的计划，但昂贵的费用让理查德·尼克松望而却步。世纪之交时，固定的预算和僵化的官僚主义阻碍着NASA将其人类太空计划扩展到建造国际空间站任务以外的任何领域。国际空间站任务始于1999年，2011年已基本完成。NASA的科学家们自然对火星感兴趣，但他们认为用机器人探索太阳系第四大行星可能更合适。如此一来，研究人员就可以代价较小地通过发射装有传感器的计算机来探索太阳系，而不是以身犯险。

这就引出了第二个问题：为什么要送人去火星？

火星探索或其他太空冒险可能会带来好处，包括开发出能使地球生活更加美好的新技术，可是，花在探索上的这笔钱同样也可以用来直接解决地球上的问题。另一个答案是，太空探索是强有力的宣传：通过太空合作展示技术优势与和平意愿，激励年轻人接受科学、工程和数学方面的教育，即使他们最终可能并非都会成为火箭科学家，这对社会仍然是有益的。（太空任务鼓舞人心的这一论点，通常是那些本身就受到这些任务所激励的人们提出来的。）这些探索的崇拜者将它们与麦哲伦和哥伦布的成就相提并论：寻找新世界，让人类获得新的资源和文化理解。批判人士则指出，美洲大陆包含了一个文明，以及支撑它所需的各种各样的植物、动物和矿物，但据我们所知，火星上还没有任何人类无法在别处获得的东西。

关于把人类送上火星或殖民月球的争论，最终会倾向于归结为“因为，它就在那里”。这个论点可能并不复杂，却比它第一眼看起来更有力。亚历山大·麦克唐纳这位研究太空探索基金历史的 NASA 经济学家回忆说，一位化学教授曾在 20 世纪 60 年代批评过阿波罗计划，但次日就收回了评论，并解释：“当人类能够做出一些惊人的举动，比如穿过大气层，到达月球，无论我是否认为这是一个明智的做法，人们都会去做。所有的历史都表明，男人们都有这一特点。”当然，女人们也有这种特点。本书中，我尽量只说人类的太空探索，而不是男人的太空探索，尽管在 20 世纪 60 年代，知识界还没有那么开明。

麦克唐纳告诉我，自从伽利略在 17 世纪观察到月球上的环形山以来，人们就在计划离开地球。当早期科学家罗伯特·胡克在 17 世纪末描绘了真空特性后，这种计划才有所放缓。麦克唐纳说，太空旅行者无法从理论上想出如何在太空中生存，所以他们停止思考这个问题，“直到工业革命中压力箱被发明”，即一种能在真空中保持大气压的密封箱。“从 19 世纪 30 年代开始，人们再次开始思考离开地球这个问题。到 19 世纪末，罗伯特·戈达德读了几本科幻小说，然后决定建造一艘太空飞船。当戈达德试图为他的火箭试验筹集资金时，一家报纸认为‘他很难向大众筹得资金，而百万富翁们已然资助了其他更疯狂的计划’。”

这种扩大人类经验边界的渴望，长期以来一直是一种私人化的努力。麦克唐纳的原始研究表明，私人资源对太空技术的投资是美国的传统，这可以追溯到独立战争时期，马斯克和贝索斯只不过是延续了这个悠久传统的太空亿万富翁而已。在19世纪的美国，富有的个人会资助天文观测，就像现在的富人对机器人太空探测器所做的一样：投入大量的资金。那些望远镜扩宽了美国的知识边界，同样也显示出在科学发现的启蒙游戏中，这个年轻的共和国与它的欧洲兄弟们不相上下。这样的努力被证明在太空探索的历史中，无论是对国家的荣誉还是个人的荣耀，都十分重要。淘金热过后，加利福尼亚州最富有的人是一名房地产大亨詹姆斯·利克。他花了等价于今天的15亿美元的巨款，在加州中部的山区建造了当时世界上最大的折光式望远镜。他打算将它作为自己的纪念碑，他死后便被葬在了这个望远镜下。

对于戈达德以及后来的马斯克和贝索斯来说，人类探索太空的经济动力来自人类最重要的资源，即地球本身的潜在稀缺性。“为确保物种的延续，人类必须在星际空间中航行。千百年来，进化使人类变得越来越完美，生命的延续和进步一定会是人类最高的目标和追求，而它的停滞将是最大的灾难。”戈达德在1913年写道。当然，他没有经历过核武器阴影笼罩大地的时代和人类所导致的气候变暖的时代。另外，马斯克和贝索斯都是在冷战后期成长起来的，并因预见到社会将受石化燃料经济带来的全球生态系统转变影响，而成为商业领袖。

马斯克是一位物理学家，由于性格原因，他放弃了斯坦福的博士学习，并创办了Zip2公司，此后他对实验法研究进行了深入的探索。气候科学家的警告为他敲响了警钟。作为一个计划组建一个大家庭的人来说，对人类物种的未来影响，使得他的下一次商业冒险压力巨大。对于SpaceX来说，马斯克提炼出了一套关于“多行星未来”的哲学。人类文明太过于依赖地球这颗脆弱的行星，我们理应进行裁员，而且越早开始准备一颗备用行星越好。

“为什么要离开地球去其他地方？”2015年，在SpaceX火星殖民计划的盛大发布仪式上，马斯克这样问道，“历史证明，末日事件总会发生，所以，另一种选择就是使人类成为一个在外层空间旅行的多行星文明物种。”

马斯克太空工作最早的关注点，就是证明这个理论的可能性。在太空飞行方面，除了年少时所读的科幻小说，以及在宾夕法尼亚大学获得的物理学和经济学学位外，他几乎没有受过任何相关训练。但他确实有一个想法。他成立了一个名为“火星生命”的基金会，并提出一个简单的计划：将一个机械温室送到火星表面，然后在贫瘠的地表创造一片生命绿洲。这是一个相当大胆的主张：“火星极地着陆器”是 NASA 在 1999 年发射的一个探测器，是 NASA “更快，更好，更便宜”倡议的产物，光这个探测器就花了 NASA1.2 亿美元。这个着陆器后来在接触火星表面时撞毁了：一个软件错误导致探测器过早地关闭了它的着陆发动机。

马斯克想以 2 000 万美元或更低的价格，将他的温室送到火星。他所要做的只是想出具体的办法。

像许多寻求真理的人一样，马斯克发现自己置身于茫茫沙海之中。他不是在寻找一片燃烧的灌木丛，而是在寻找飞机留在空中的凝结尾，以及制造它们的人。

从洛杉矶往北开车两小时，穿过圣费尔南多谷，进入干草原，然后进入加利福尼亚的沙漠就能找到莫哈韦小镇。小镇一片平坦，一眼望去都是棕黄色的沙漠，这里天气炎热，到处充斥着航天航空的斑驳历史：附近的爱德华兹空军基地是查克 · 耶格尔突破音障的地方，美国政府用“正确的东西”开启了 20 世纪五六十年代太空计划的光辉岁月。美国空军和 NASA 试飞员仍在那里挑战极限，它还是航天飞机在其首次轨道之旅后着陆的地方。

这里的居民对音爆或爆炸声早已司空见惯，因而这里可算得上航天航空发明家们的完美圣地：他们可以在远离一般人和满怀疑虑的公司管理者们的情况下，测试他们的新发明。传奇的航空设计师伯特·鲁坦在此处像经营一家私人实验室一样，经营着他的缩尺复合材料公司。一些组织，如反映研究学会、火箭爱好者之友，以及莫哈韦沙漠先进火箭协会，在沙漠中负责维护场地设施，包括混凝土掩体、加油站、发射台，并在测试过程中提供帮助。许多成员在洛杉矶还有着正职，几十年来，大型承包商，如波音公司、洛克希德公司、诺斯罗普·格鲁曼公司等，都在这里铺设了它们的生产基地。

在这些公司里工作的人，都来自拥有美国最好的工程项目的高校，如加州理工学院、麻省理工学院、斯坦福大学，他们都拥有物理学和工程学的高等学位，他们中甚至包括能够处理复杂软件问题的计算机科学家。然而，当他们在官僚主义气息浓重、文书工作繁重的政府太空项目的世界里苦苦挣扎时，硅谷的同行们却在那些令人激动的公司里有效地利用技术知识，其中一些人成功地变成了百万富翁。在向南几小时路程的圣迭戈，另一家高科技初创公司高通公司（Qualcomm）通过制造对手机通信至关重要的芯片，也造就了一批富有的技术人员。

火箭行业仍将赌注放在波音公司和洛克希德公司参与的 EELV 项目上。政府资助的运载火箭项目依赖于一批新的私有卫星。卫星公司面临着越来越多的困难。如果新火箭仍保持目前的定价，这些卫星公司将很快破产。

这种感觉就好像，洛杉矶是加利福尼亚州中唯一一个，拥有计算机特长的人无法找到令人兴奋的工作，或是赢得一大堆股票期权的地方。但是，成为一名火箭科学家的目的，是发射火箭。对于受到阿波罗计划和科幻小说的启发的真正信徒来说，除了大型承包商和 NASA 之外，几乎没有什么地方可以帮他们实现这一点。

虽然全球范围内，太空技术每年能够吸引数千亿美元的投资，但大部分资金都来自政府或准政府项目。太空中最有利可图的私人业务仍然掌握在电信供应商和电视广播公司手中。由于需要利用公共无线电波来传播它们的信息，这两类公司都受到来自政府的严格监管。那些没有破产的卫星公司，要么是电视广播公司，要么是因为专注于定位精准的产品而生存下来的公司，它们生产的产品有船只、飞机的应答器、偏远地区的紧急通信工具，以及军方最高机密的通信工具等。

在经营这些业务的金融家眼中，轨道上的卫星就像是高端的房地产一样，他们在自己位于华盛顿特区、伦敦、巴黎，或是卢森堡的舒适办公室里掌控全局。卢森堡，一个袖珍的欧洲王国，颇有远见地成了商业卫星的早期支持者。欧洲卫星公司（SES）成立于 1985 年，并迅速发展为卫星电视行业中的重要企业。该公司与那些有着类似业务的公司倾向于将卫星交给外包生产商生产，并委托火箭生产商发射卫星。

除了发射卫星之外，显然人们只能在太空中做试验，而做试验并不会带来有吸引力的投资收益率。这并非是因为缺乏豪情壮志。自从阿波罗计划以来，人们一直期望私营企业能够找到进入太空的方法，并创造利润。

这种态度在里根政府初期更甚，当时，里根政府通过了一项法律，命令 NASA 加速发展太空商业。首批宇航员之一的戴克·斯莱顿领导一家火箭公司在 1982 年发射了首枚私人资助的运载火箭“康奈斯托加 1 号”，但这家公司很快便耗尽资金。另一家公司，美国火箭公司，吸引了顶尖的工程人才，但其联合创始人乔治·库普曼在前往火箭测试场的途中遭遇车祸去世，这使得公司分崩离析。NASA 允许私营企业的员工作为航天飞机上的“有效载荷专家”进行飞行：查理·沃克，麦道公司的一名雇员，开发了一套能在太空合成蛋白质的系统。他一共飞行了 3 次，在花费公司极少成本的前提下，测试并开发出了该系统，这使得他成了太空中第一名非政府雇员的工作人员。商业代表进驻航天飞机的进程由于休斯飞机公司雇员格雷格·贾维斯在“挑战者号”事故中丧生而被叫停。尽管如此，发展太空商业的想法还是很有吸引力的。事故后仅一周时间，里根就呼吁建立一套新的“东方快车”火箭系统，该系统被期望能在两小时内将乘客从纽约送到东京。这个异想天开的飞行项目预计将会耗费 16 亿美元，并最终因为技术方面的困难而被取消。

1999 年，看好太空旅游业的企业家们，租下了俄罗斯废弃的“和平号”空间站，他们推动了为期 73 天的载人维修任务，但“和平号”最终还是被迫坠入海洋。由于被视为 NASA 自有空间站的竞争对手，项目受到了来自 NASA 方面的财政压力，并最终被终止。但它确实证明了，在富人阶级中，存在太空旅行的市场。1996 年，彼得·戴曼迪斯，一位拥有为太空冒险筹集资金的天赋的狂热太空爱好者，创立了一个奖金为 1 000 万美元的奖项，用以奖励第一个能在两周内飞往太空两次的私人资助的飞行器。奖项成立 5 年后仍无人成功，而距伯特·鲁坦的“太空船 1 号”申领这一奖项还有 4 年之久。没有大型太空硬件公司参与竞争，因为为政府工作能获得的资金要多得多。参与者来自高校或者试验性飞机公司，这有助于为仍然晦涩不明的“新太空”部门确立一个身份：让理想主义的工程师们谈论行业主流之外的想法。在可预见的未来，几乎没有任何实质性的东西能够填补被标记为“商用太空”的领域的空白。

在太空中做生意的主要障碍，来自物理方面。将任何设备、人、原材料送入太空的成本高达每磅数万美元。将任何东西带回地球的成本就更高了。天文学家已经证实了太空中有价值资源的存在，如矿物和化学化合物，而微重力被视为设计高级材料或生成能够促进人类健康的生物物质的有力推动因素。但这些益处似乎都无法与进入太空的巨额费用相抵。另一方面，卫星的经济效益则十分明显，因为一旦安全进入轨道，其将数据在地球与太空中来回传输的成本接近于零。

因此，火箭工程师们最喜欢做的，就是用物理本身的游戏规则去打败它。那些拥有想法和热情的大型航空公司的员工，正在找时间在沙漠中完成他们自己的项目。航空航天集团 TRW（汤普森·拉莫·伍尔德里奇公司）的一名推进专家汤姆·米勒，利用晚上和周末的时间，建造了世界上最大的自制液体燃料火箭发动机，但他并不知道他的原型机将在永久改变发射运载火箭业务的事件中扮演怎样的角色。汤姆·米勒是一名卡车司机的儿子，极具机械天赋。他把时间都花在了为 NASA 制造一个巨大的发动机和处理业余火箭人面临的现实问题上，其中包括出庭支付一次野外试验引发小型火灾的罚金。

加维也有自己的车库项目。他的项目是设计一种用来作为新部件测试台的小型火箭。这种火箭还可以被放大，以便有效地发射小型卫星。但是波音公司却对这个试验没什么兴趣。因为，当时波音公司正忙于为美国空军的 EELV 项目制造一枚新火箭，而且，也仍沉浸在“德尔塔 3 号”火箭的失败中难以自拔。小规模的试验，无法像那些大的、引人注目的大项目那样，吸引投资人的注意和资金。加维说：“要想让它吸引投资人投入时间和资金，它就必须得是一个价值数十亿美元的项目。”

加维告诉我：“如果他们一开始就说，‘我们要开发一个可重复使用的系统，把 100 磅货物送入轨道后再收回来’，事情会容易得多。”“但如果你是波音公司或麦道公司，又或 NASA，那样做似乎并不符合身份。我会私下里做那些小项目，然后去上班，告诉他们：‘嘿，看看我做了什么东西，能不能给我一些研发经费？’我发现，在我的车库里造它们，比花时间进行游说，以获取内部经费要容易得多。我还是自己做算了。”

加维在 2000 年离开了波音公司。正如他所说，在 2000 年之后，他创立了一家小型太空咨询公司，继续造一些小型火箭，寻找一些承包合同和咨询业务。他选择的时机刚刚好。因为硅谷终于给他打来了电话。他的第一份工作是为一家名为 BlastOff 的公司服务。这家公司是由一对富有的硅谷投资人兄弟创立的，他们名为比尔·格罗斯和拉里·格罗斯。

“现在有很多资金在四处流动，人们都想做点儿事情。现在许多人对太空业务很感兴趣，要么是因为他们已经拥有了一支专业的队伍，要么是因为他们此前没能入场参与其中。”加维说道。

比尔·格罗斯是加州理工学院的一名毕业生。他通过孵化器投资了电子玩具公司（eToys）、宠物网（Pets.com）和网络货车公司（Webvan）等互联网宠儿的股票，赚了数十亿美元。网络货车公司是一家杂货配送公司，它将成为那个时代所有不切实际的商业计划的一个缩影，至少在10 年后的以亚马逊公司为代表的一批初创企业开始接受它的模式的某些方面之前是如此。富有且有些不着边际的比尔和他的兄弟拉里因为无法在易趣网或任何地方买到月球上的岩石或尘埃而感到失望。他们决定资助一家新公司，让这家公司送一艘航天器到月球，然后带着他们想要的东西返回地球。最终，他们确定为公司提供资金的最好途径是，向观看太空任务视频的观众投放广告。

X 大奖的组织者戴曼迪斯被任命为新公司的首席执行官，这是任何一位太空梦想家都梦寐以求的职位。加维负责为新公司提供一些技术建议，他与其他一些有着类似想法的太空工程师们一样迫不及待地想要建造硬件设施。前喷气推进实验室（Jet Propulsion Lab）工程师托马斯·斯维切克是新公司的首席技术官，詹姆斯·坎特雷尔担任顾问，为获取苏联遗留的火箭提供建议。坎特雷尔在过去的 10 年时间里，一直都是美国与俄罗斯太空项目的联络人。在冷战结束后，他发起了前往火星的联合任务，虽然任务并未落地，因而始终没有任何一枚火箭被送到火星。BlastOff 的营销经理乔治·怀特塞兹彼时刚刚走出校门，他之后将会成为 NASA 的办公室主任和维珍银河的首席执行官。其中一位名为克莉丝·列维奇的工程师，将继续在 NASA 喷气推进实验室工作 10 年，然后创立自己的太空矿业公司行星资源公司（Planetary Resources）。团队中的其他工程师，也将成为蓝色起源或 SpaceX 关键的早期员工。

BlastOff 的任务时间表被公布了，它将于下一个夏天，即 2001 年的夏天进行一次登月行动，理想情况下是在 7 月 4 日进行，随后在秋季进行首次公开募股：从将会成为技术风投历史上的标志性事件中兑现。但是这群航天航空人很快开始理解互联网世界中的观念与现实之间的差距。这样的时间表意味着一个不可逾越的挑战，并且公司还需要筹集 1 000 万美元才行。

与此同时，股市也开始注意到互联网领域的可信度问题。自从 2000 年 3 月股市开始下跌以来，格罗斯兄弟的整个初创企业生态系统都受到了威胁。用 Blastoff 的一名员工的话来说："BlastOff 烧掉了一大笔钱，公司基本上已破产了。" Blastoff 在 2000 年倒闭，只留下了一个狂妄自大的背影：数字企业家大步迈入太空行业，然后陷入困境，最终成为失败的又一案例。关于太空产业的那句讽刺格言又一次得到了证实：如果你想在太空中赚到百万美元，你得先拥有 10 亿美元才行。

"那就是马斯克登场的时候了，" 加维说，"当吉姆·坎特雷尔打电话给我的时候，我把这句话记在了我的笔记本里。他说，嘿，加维，又有一个靠互联网发家的家伙对太空感兴趣了。"

第5章　太空俱乐部的周五下午

发射火箭很性感，因为它本身真的很酷，但它在财务方面可一点儿也不性感。

——吉姆·坎特雷尔

由于对资助一个引人注目的火星科学任务非常感兴趣，马斯克与坎特雷尔、加维和米勒相识了。加维同意带马斯克到沙漠中去，让他亲眼看看一些正在进行中的演示，见见那些职业和业余的火箭人。这次参观对加维来说将会是一个让马斯克听听他的想法的好机会。马斯克向工程师们借了一些航空相关的教材，他自己也买了一些。在洛杉矶的酒吧中消遣时，他读了读这些书。之后，这个靠互联网起家的家伙便想要成为一名火箭人了。

关于寻找用最低的成本将生命送上火星的办法，马斯克的太空智囊团有一个想法：何不购买一些俄罗斯遗留下来的火箭来完成这项任务呢？坎特雷尔花了10年时间与俄罗斯太空项目打交道，在俄罗斯挣扎着向自由市场经济转型的过程中，帮助它找到了和平利用火箭技术获得经济收益的途径。在冷战结束时，随着苏联政府和经济的崩溃，有人担心苏联的火箭技术和材料会从这个国家流到出价最高的竞标者手中，而这会让那些独裁国家得到洲际核导弹在内的尖端武器。

这促使西方政府鼓励美国太空承包商加入俄罗斯的供应链。洛克希德·马丁公司与俄罗斯国家火箭公司成立了一家合资公司，其主营业务是用“联盟号”火箭运送商用卫星，而欧洲太空领域的领军企业阿丽亚娜太空公司则购买“联盟号”火箭来完成自己的发射行动。在为 EELV 项目制造的“宇宙神 5 号”火箭中，洛克希德公司同样使用的是俄罗斯设计和制造的 RD-180 型火箭发动机。这并非是降低档次：没有一家西方制造商生产的发动机能够达到 RD-180 型发动机的简便性和高性能，它是在铁幕的隔离下设计出来的。去参观的美国人描述，工程师们只用纸质蓝图，而非计算机记录，但俄罗斯有自己的优势，包括先进的钛使用技术和严肃有效的安全观。俄罗斯工作人员们在没有安全带保护的情况下，在巨大的火箭制造区里爬上爬下，这一画面令一个参观的美国人震惊不已。一位俄罗斯高管告诉他：“工作人员们必须小心谨慎，不过，一旦出现状况，我们也有候补人选。”

2002 年，当马斯克正在寻找价格低廉的火箭时，他与坎特雷尔（现在是他的俄罗斯“夏尔巴人”[①]）一起去了俄罗斯。马斯克大学时期的朋友，也同样是企业家的阿德奥·雷西和迈克尔·格里芬，都告诉坎特雷尔，他们对马斯克的精神状态感到担忧。格里芬是一个博学的人，在航天航空工程、物理和管理等领域拥有高等学位，曾是里根时代“星球大战”防御计划的领导者，负责 NASA 勘探局，也是太空公司轨道科学（Orbital Sciences）的一名重要高管。他与马斯克一样，对太阳系殖民有着高涨的热情：“人类太空飞行的首要目标是在太阳系其他星球定居，并最终走出太阳系。”他在 2003 年的时候这么告诉国会：“我认为，这一目标足以证明这项事业的困难，而再宏伟的目标便不切实际了。”

俄罗斯人做生意的方式是，在开席较早的漫长午餐中，一边关于

① 居住在喜马拉雅山脉的一个部族，常常出任山中向导或搬运工。——编者注

火箭性能拐弯抹角地询问，一边享受着伏特加和香肠。显然，这不符合马斯克爽快的谈判风格。马斯克的名字和仅仅几百万美元的净资产，对于他所见的官员们来说，明显不够分量。因此，他们对马斯克和他的团队不屑一顾。俄方为 3 枚退役弹道导弹的定价是每枚 800 万美元，并且还无视马斯克试图还价的努力。这位太空慈善家为整个火星计划只准备了 2 000 万美元，但俄罗斯人并不会因此改变他们的立场。马斯克与其他商业火箭制造商的对话清楚地表明，俄罗斯退役的洲际弹道导弹已经是最便宜的选择了，但现在看来，它们还是不够便宜。

看来，马斯克的太空使命，不可能通过他的慈善行为实现了。光靠送钱是不可能抵达太空的。马斯克从本质来看，仍是一个工程师和推销员。他从诸如燃气轮机和火箭推进的空气动力学等书籍中，获得了火箭技术领域的相关知识，这些知识给了他一些灵感，让他产生了一个想法：出现现在这种情况的问题根源，并不在于缺乏热情和太空探索资金，而在火箭本身。

在离开莫斯科的飞机上，马斯克向坎特雷尔和格里芬展示了他电脑中的一份电子表格。这份文件对于 SpaceX 的创立意义极其重大。马斯克对火箭的开发、制造和发射成本进行了分析，确信实现自己目标的最佳方式是成立一家新的火箭公司。而且，他在市场中进行的调查显示，这么做的成本还低得多。在接下来的几个月里，马斯克和他的团队每个周六举行研讨会，将他的表格细化、完善成了一份商业计划书。

“宣传跟火星相关的事，只是为了激发公众的热情，”他后来向我解释他的技巧，“但是，如果整件事情其实是不可行的，热情也就无关紧要了。如果你只是一直在撞南墙，那么什么都不会发生。随着时间的推移，进入太空的成本会越来越高。如果没有人试图对火箭技术进行重大变革，以降低进入太空的成本、提高火箭可靠性的话，最终一切都将无关紧要。再多热情，也做不成任何事。”

因此，马斯克提议成立一家新公司来建造火箭，并降低进入太空的成本，这就是 SpaceX。据他的判断，现有的那些拥有太空探索技术的公司，对做这样一桩生意根本不感兴趣。这在很大程度上是因为它们对政府业务的依赖。“这跟我们驾驶俄产汽车、飞机或是使用俄产厨具的性质是完全不一样的，”马斯克后来说，“我们最后一次购买伏特加以外的俄罗斯产品是什么时候？我认为，美国是一个相当有竞争力的国家，我们应该能够制造一枚符合成本效益的运载火箭。”

领导火星学会的卓比林对此不以为然，现在火星已经被他抛在脑后了。在他的印象中，这一公司会是下一个 BlastOff：“最终结果会是，技术人员们花了富人两年的钱，然后富人觉得无聊，随后放弃。”然而，他没能看到马斯克方法的与众不同之处：马斯克并没有听从自己的工程师团队兜售的想法，即购买可用的技术。相反，在分析了现有运载火箭市场的巨大成本，并通过仔细研究将火箭送入太空的原理后，他将自己的想法兜售给了他的团队。与 BlastOff 在找到为其成本买单的方式前就确定了登月任务不同，马斯克的新公司将其火箭定位在已有且服务不足的市场中：那些有效载荷过小，以至于用至今仍垄断发射市场的政府设计的大型火箭发射并不划算的群体。马斯克从未失去对火星的痴迷，但他对于如何登上火星是很务实的。

他的计划与他对于火箭知识的快速增长，改变了工程师们的看法。他们之前把马斯克看成一个拥有大量现金的花花公子。Zip2 和贝宝的成功，不仅仅是因为技术创新，还因为它们对病毒式营销的关注，正是这点使它们能够迅速在新兴市场抢占最大份额。马斯克被看作一个有远见的人，因为他很早就认识到，互联网作为商业媒介顶级推销员的潜力。现在，在花了几个月与马斯克争论设计平衡、成本和性能水平后，工程师们开始将他视作技术领袖。

加维后来对我说：“那些被媒体大肆报道的有远见者是伟大的，但他们并不是最终把事情做成的那批人。”“我宁愿自己在沙漠里做火箭测试。”但现在，在马斯克身上，加维看到了志同道合的精神。马斯克很乐于接受加维关于如何打入火箭市场的想法。“我的观点是……如果你只把重点放在将有效载荷送往火星，你改变不了什么。最终，它的成本依然会跟现在一样。但又有多少人能够负担得起把有效载荷送到火星上去的成本呢？但是，如果你可以降低火箭发射的成本，那你就能改变这个成本方程式。”

除了前往火星这个目标外，加维还在马斯克身上看到了其他一些将他与高净资产的冒险家区分开来的特质。马斯克能够拥抱风险。当时，加维正在与加州圣克鲁斯分校的一个团队合作开发一种新的推进机器，即所谓的“塞式发动机”。这是另一种颠覆业界权威的尝试：塞式发动机理论的出现已有几十年历史了，但它从未被用于火箭测试中。2003 年，一枚装有这种发动机的火箭将升空，这是这项技术首次在发射中亮相。

火箭设计中的一个关键挑战在于，在执行任务的过程中，火箭需要穿越多种不同的环境，先是从海平面环境开始，再到上层大气的急风环境，最后是太空中的真空环境。火箭不仅要承受压力的变化，还要承受从超高温到超低温的温度变化。发明一个能够在每种情况下都表现出色的机器，是极端困难且成本高昂的。

这一挑战为火箭发动机带来了极大的压力，火箭发动机通常是由一根钟形喷管喷射出热气，从而直接产生推力。发动机的钟形喷管被优化为在给定的气压下工作，但因为只能选择一个空气压力剖面，所以发动机在进入太空时并不总是全速前进的。塞式发动机则不同，它会把热气从火箭底部突出的一个尖峰中喷射出来。理论上来说，这将创造出一根能够适应火箭飞行时不断变化的条件的“虚拟钟形喷管”，它能更有效地利用有限的燃料产生推力，这样，火箭能够携带较少液态氧，从而携带更多货物。

一天，米勒和加维正在莫哈韦沙漠里反映研究学会的测试场地研究这个技术。和往常一样，马斯克就火箭提出了许多异想天开的想法，并参与观察这次行动。那时，3 人正在构想 SpaceX 的第一枚运载火箭的概念，新发动机被安装在静止试验支架上，支架是一个固定在混凝土地基上的牢固钢构架。找到一个处于安全距离的位置后，观察员点燃发动机。只几百毫秒的时间，原型机便爆炸了。在观察员的注视下，静止试验支架也陷入了一片火海。

“埃隆，你得习惯这样的事情。”加维提醒这位未来的太空企业家。他告诉马斯克，火箭技术的开发难度很大，常常伴随着许多代价高昂的挫折。他们不得不将进一步测试的时间推迟好几个星期，直到他们重新搭建好试验支架。马斯克只是转向米勒，淡淡地说道：“汤姆，下次记得建两个试验支架。”

加维认为，马斯克的反应，是一种应对建造火箭过程中可能会遇到的各种风险的好方法。一个大型承包商或 NASA 官员的回答可能会是：我们不能承受这样的失败，所以让我们投入时间和资金，确保原型机不会在测试中爆炸。通常情况下，这些预防措施费时又费力，而且会使人们忘却测试本身的目的是什么。

还在麦道公司时，加维曾参与过一个开发项目，该项目致力于开发一种可以用来填装超冷火箭推进剂的轻质高压碳纤维贮箱。他建议公司设计几个小型样品，以便完成在廉价火箭上测试不同设计的初步评估。但是项目经理们却选择按照 NASA 所希望的那样，制造了一个巨大的贮箱。多年以来，这项技术一直困扰着太空产业，工程师们一直在探索如何安全地给火箭的重要管道进行减压，而贮箱的失败，导致整个火箭项目都被取消了。加维与一家名为 Microcosm 的公司合作，成功地在沙漠中发射了搭载着首个装有冷冻液氧的高压合成箱的火箭。

这种对失败的极度厌恶，很大程度上抑制了航天产业的创新。但是，在硅谷，另一种不同的方法却很常见。软件工程师们拒绝使用在更多产业背景中常见的所谓的“瀑布式项目管理”方法，在这些产业中，产品需求被描述、开发、测试。相反，在以“灵活”工程为主题的产业中，开发者会逐步构建软件，在研发过程中对其进行测试，并在面临挑战时更新需求。这就是具有冒险精神的数字企业家们“快速失败”精神的起源：一旦弄明白了哪些不起作用，就会更容易弄清楚哪些是起作用的。

然而，在硬件制造上，这些方法并不总是能让事情变得更容易。因为在硬件制造中，材料和加工成本的上涨速度，比软件工程师制造虚拟产品的速度要快得多。但是，许多航空航天产业的工作人员都将无止境的需求和缺乏试验，视为是需要解决的问题。随着火箭内部软件数量和用来开发火箭的软件数量不断增加，这一点显得尤为正确。对于加维来说，马斯克这种对失败负责的态度，的确比他在麦道公司时共事的产品经理们对火箭制造所表现出的态度要更健康。

NASA 和它的主要承包商都在竭力规避风险：这与将人类送往太空的目标有关。NASA 的礼品商店中出售的 T 恤衫上印着这样一句话：“失败，不是一种选择。”这句话常常被认为是传奇飞行指挥员吉思·克兰兹所说。他领导的那场 24 小时工程攻坚战，使得 NASA 能够在液氧贮箱爆炸后，将“阿波罗 13 号”登月任务中的 3 名宇航员平安带回地球。不过，这句话其实是虚构的：它实际上是另一位 NASA 飞行控制员在接受一部获得奥斯卡提名的电影的编剧们的采访时所说的。但是，它准确地捕捉到了 NASA 团队成员对于技术卓越的不懈追求。

“将人类送入太空，是一件相当有风险的事情。因此，我们只选择志愿者参与飞行任务，”格里芬在 2017 年告诉我，“从 1961 年到 2011 年，即美国太空飞行史上的第一个 50 年，美国完成了水星计划中的 6 个飞行任务，双子星计划中的 10 个飞行任务，阿波罗计划中的 11 个飞行任务，天空实验室计划中的 3 个飞行任务，阿波罗 - 联盟测试计划中的 1 个飞行任务，以及 135 个航天飞机任务，并且 6 次把人送上月球，2 次送上空间站……所有这一切，都是在这 50 年时间里完成的。我们失去了 3 位团队成员，一个是在一次地面测试事故中，另两个是在飞行过程中。其实，任何了解实用性航空发展的人都会说：‘什么？只有 3 个？’”

对完美的期望，反映出 NASA 是一个拥有最高标准的机构。但是，从通过成功来获得国会资金的技术部门的角度来看，对错误的厌恶，成了人们承担风险以取得真正创新的阻碍。“运行一个项目最贵的方式，就是确保永远不损坏一块硬件。”格里芬对我说道。

而且，任何一位投资人都会告诉你，没有风险，就没有收益。

“我认为，我们可能会有 10% 的机会做成任何事，甚至是把火箭送入轨道。”马斯克在 2002 年 4 月 SpaceX 成立的日子上说道。曾帮助马斯克建立贝宝，后来加入 SpaceX 董事会的卢克 · 诺塞克强调了当时他的犹豫：他的许多朋友都劝他不要加入 SpaceX。不过，马斯克想成为火箭制造商的想法，与他创立其他公司的经历有点儿类似。

“就像 DARPA 作为互联网的推动者在早期承担了互联网开发的诸多成本一样，NASA 基本上也在做同样的事：投入大量资金研发那些基础技术，”SpaceX 成立一年后，马斯克在斯坦福大学的一间教室里，对着一屋子刚刚崭露头角的企业家们说，“一旦我们能够将商业化、自由化的企业引入太空产业，就能看到在互联网行业中出现的那种戏剧性的加速。”

SpaceX 的初始团队中，除了马斯克以外，还有坎特雷尔、米勒、克里斯 · 汤普森（另一位和加维一起在莫哈韦沙漠中进行火箭发射的波音公司工程师），还有两位早期员工来自 Microcosm 公司，即那家建造了首个能够发射的复合贮箱的小型太空公司。其中一位拥有丰富销售经验的工程师名叫格温·肖特维尔，当坎特雷尔在SpaceX成立一年后离开时，她接任公司的业务发展负责人。另一位是一个轮廓分明的德国人，名为汉斯·科尼斯曼，他将担任公司的首席工程师。当时，SpaceX看上去十分简陋，十几名新员工在洛杉矶郊区埃尔塞贡多区的大型总承包商后院中的新办公室里，举行了就职典礼。

几个月后，这家初创公司有了另一个重要优势：资本。与亚马逊争夺线上最大商品供应商宝座的在线零售巨头易趣网，在亚马逊上市后几个月，以15亿美元的价格收购了贝宝。马斯克的收益巨大，而他立即就将自己的1亿美元资金全部投到了SpaceX上。一夜之间，SpaceX成了资金最充足的太空初创企业。

如果SpaceX想要戏剧性的增长，它只需要制造一枚火箭就行。

事实证明，马斯克并非唯一一个从资深航空工程师那里寻求帮助，阅读关于火箭技术的书籍，并深入讨论探索太阳系论点的互联网人。

2000年，仅仅成立6年的亚马逊，已经不再是一家单一的网上书店，而是一个庞大的商业体了。杰夫·贝索斯那时的身家已超过20亿美元。在36岁时，和马斯克一样，贝索斯也将更多的时间花在了个人爱好上。

在马斯克打开SpaceX在埃尔塞贡多的大门的两年前，贝索斯已经注册了蓝色起源公司，并将其地址作为亚马逊的总部。太空界之外，没人真正注意过这一点。这家公司早期只是存在于概念中，但到了2003年，记者布拉德·斯通成功地在《新闻周刊》上为他的老板爆出了关于这家公司的故事。之后，斯通又发现了蓝色起源公司的地址，当时那儿还只是个无名的仓库。在翻查垃圾桶时，他发现了一份宗旨说明书的草稿，说明书中谈到了使人类在太空中持续存在的长期目标，以及建造一个以艾伦·谢泼德命名的亚轨道航天器的计划。

当斯通问贝索斯是不是出于对NASA的失望，而萌生了创办蓝色起源公司的想法时，这位企业家对 NASA 的功绩表达了赞美："我对太空感兴趣的唯一原因，是他们在我 5 岁时激励了我……那些小型航天公司之所以能有机会做点什么的唯一原因是，NASA 为它们提供了坚实的基础。"（美国太空创业第一条准则：不要得罪 NASA。）他告诉斯通，任何关于蓝色起源的评价都"为时尚早"，因为"我们还没做成任何值得评价的事情"。

贝索斯年轻时也是科幻小说的狂热粉丝，他对太空探索有着浓厚的兴趣。他的一位前女友在 20 世纪 90 年代告诉记者，贝索斯生意的成功是受到他去其他行星探索的愿望所驱使。据斯通所说，贝索斯在高中的告别演说中就提出了"在轨道空间站上建立永久的人类殖民地，并把地球变成一个巨大的自然保护区，从而拯救人类"的想法。

当年那个令贝索斯着迷的愿景，如今仍在驱使着他。那是一种不同的太空经济乌托邦主义。1976 年杰拉德·奥尼尔出版的《高边疆》讲述了这样一个故事：地球上人类的脆弱与工业化密切相关。石化燃料的大规模使用导致生态系统巨变。与其把人类从地球带到太空中去，为什么不将重工业放到太空中去呢？太阳蕴藏的巨大储量的可再生能源、小行星上发现的原材料，以及保护地球免受污染的能力，都使这一想法更具吸引力。

行星科学家、前 NASA 工程师菲尔·梅茨格主张："这不是火箭科学，这只能说是简单明了的工业。现在，在开发工业机器方面，我们已经有了几个世纪的经验。所以，我们唯一要做的，就是让那些机器适应另一个环境，而且我们也早已知道该如何去做。"当国际空间站还没有建成的时候，在太空中实施大型项目的想法看上去是不切实际的。但贝索斯毫不气馁，他开始让太空专家小组飞到他位于西雅图郊外的基地，参加关于阿波罗计划、火箭设计和太空经济学的私人研讨会。

坎特雷尔告诉我："我们都是秘密地和杰夫一起在这个我们称为'周

五下午太空俱乐部’的地方工作。”贝索斯同样也加入了一个“跳出固定思维”的太空工程师团体，而他们中的许多人，就是围绕在马斯克周围的那群人中的一员。其中有些人比其他人更能跳出固定思维：效力于蓝色起源的科幻小说作者尼尔·斯蒂芬森声称自己曾经是这家公司唯一的员工。他的主要任务，是寻找不用火箭就能抵达太空的方法。这些想法包括用地基激光发射器推进宇宙飞船，或使用太空电梯将地球与轨道平衡物通过电缆连接起来。不过，科学上的共识仍然是，我们还没有足够坚固的材料用以建造这样一个链条，而斯蒂芬森最终在公司确定了一个更传统的方向后，选择了离开。但是，他是带着一丝灵感离开的；他在 2015 年出版的小说《七夏娃》刻画了一个大家都很熟悉的人物—— 一个拥有自己火箭公司的富有远见的亿万富翁。

这位亚马逊的创始人，对麦道公司的一个工程师团队特别感兴趣，这个团队在新墨西哥州的白沙导弹靶场制造并测试了一种名为 DC-X 的可重复使用轨道火箭原型机。该机器被设计成一个全功能可重复使用的卫星运载火箭，航天飞机从未达到此种程度，但是当 NASA 被 DC-X 项目吸引后，该团队却失去了耐心：原型机在一次测试飞行中坠毁后，他们便取消了这一项目。该项目团队包括大量将继续在太空商业领域中扮演重要角色的工程师。前波音公司工程师加维说：“我就是在那儿学习火箭知识的。在那儿，你光用胶带、扳手和锤子就能让东西工作。”他们的运载火箭在发动机的推动下垂直起飞，在沙漠上空数千英尺处飞行，然后再采取尾部先落地的方式垂直着陆。项目中的资深成员对他们所取得的成就相当自豪，并因这项有前景的技术被废弃而感到沮丧。讽刺的是，DC-X 项目中的几名资深员工在加入蓝色起源前，是先在 SpaceX 工作的。坎特雷尔说，马斯克曾经让他开除了团队中的部分成员。

贝索斯在探索新市场、识别最大竞争对手的弱点，并无情地利用它们打击对手方面，已经名声在外。当他投身于航天产业时，他分析发现了马斯克同样面临的核心挑战：把任何东西送入太空的净财务成本。开发一套价格低廉的可重复使用系统来摆脱地心引力，对任何一个有太空梦想的人来说都是必须要做的事。“贝索斯不会误入歧途，不会闪烁其词，而且就像数百万为这个行业工作的人一样，他从心底里相信蓝色起源的愿景，”资深航空航天高管、于 2017 年成为蓝色起源公司首任首席执行官的鲍勃·史密斯对我说道，“如何实现？这其中是有一条非常合乎逻辑的线索的。好吧，做到它的方法就是，你得追求重复操作性。为什么？因为它能使航天事业变得更经济、更容易成功、更可靠且更安全。”

两位企业家对太空商业前景的看法非常相似，曾为马斯克和贝索斯做过咨询，并在蓝色起源工作过的斯维切克，鼓励两人见面，并考虑将双方的力量联合起来，以避免重复性的努力。2003 年的夏天，两人飞到旧金山进行了一次座谈。“后来，我分别找两人单独谈了谈，他们都说：‘这是一次很酷的见面，那个人很有趣，我们都很享受，但是，我们最后还是决定各干各的。’”

斯维切克告诉我，马斯克和贝索斯都对媒体很反感，不过，马斯克对于宣传活动能够吸引来自专家、公众和投资人的关注还是表示赞赏的。虽然他暂时放弃了前往火星的探索之旅，但他仍计划利用 SpaceX 来吸引人们对太空探索事业的关注。与他相反，贝索斯更倾向于让他的公司保持低调，他几乎不与外界进行分享，而这种做法将持续 10 年。

在它的早期，蓝色起源公司看起来就像是一家“面子工程”模式下的公司，尽管它也招聘工程师和技术员，但它的员工只有几十人。它几乎很少开发硬件，而且也没有产品可供销售。当他的太空公司时断时续地发展时，贝索斯自己正忙着处理亚马逊的各项事务。不像马斯克早期就是自己太空公司的首席管理者，并凭借意志力推动着公司的发展，同样干劲十足的贝索斯却仍在全职经营着亚马逊。

对于亚马逊这家线上企业来说，那是一段剧烈扩张的时期，它从一个美国零售商，变成了一股全球性力量。在那之后的几年里，亚马逊将开始发布一系列实体产品，比如 Kindle、一款短命的手机，以及为该手机的人工智能助手配备的智能扬声器。它将成为云计算发展早期的使用者，并且部署自己的专有服务器。亚马逊云计算服务成了支撑新一代互联网公司的一棵巨大的摇钱树。亚马逊还建立了自己的配送中心，并开始投资机器人技术，以便实现配送自动化，它甚至还尝试用无人机进行包裹空中投递。

这段时间的大量工作，也许分散了贝索斯对于降低太空进入成本任务的注意力，但在几年后，这些努力都将带来实实在在的回报。这两位制造火箭的亿万富翁在 21 世纪是同样富有的，但现在，由于市场的兴衰变化，亚马逊使得贝索斯能够争夺“全世界最富有的人”这一头衔。他的净资产估计达到近 1 000 亿美元。

贝索斯后来说：“亚马逊，是我创立且领导的一家令人惊奇、好玩、有趣的公司，对于亚马逊我有着一种很真实的感觉，它对我来说，就像是彩票中奖一样，而我拿着那些彩票的奖金投资了蓝色起源。”

可是，像马斯克和贝索斯这样的幸运儿，不一定会因为他们的后续行动而闻名。多年来，硅谷一直摇摆不定，而那些太空极客一直在想：他们什么时候才会像其他人一样放弃呢？

第6章 “火箭方程的暴政”

技术并不会自动提升。

——埃隆·马斯克

2003 年伊始，人们便上了一堂残酷的实物教学课，并意识到载人航天的难度究竟有多大。

2 月 1 日清晨，SpaceX 洛杉矶总部，目击者们目不转睛地看着“哥伦比亚号”航天飞机在空中划过一道白色条纹。它的飞行速度是音速的 23 倍，当时位于距离地球表面 20 多万英尺的高空。飞船上的一行 7 人，刚刚在轨道上完成了为期两周的科学任务。然而，试图回到地球的举动给他们带来了生命危险。

从太空返回，航天飞机必须借助其流线型的外部轮廓，以及短而粗的机翼，在大气层中滑行，以保持高度。此时，由于其惊人的飞行速度压缩了前方空气，飞行器温度变得极高，机翼前缘部分的温度甚至达到了 2 800 华氏度[①]。为了防止高温引起外壳熔化，航天飞机的铝制结构均被特殊的耐热片状材料全面地保护着。但是，在“哥伦比亚号”上，这样的片状材料缺失了几块，又或是材料上出现了细小的裂痕。

① 2 800 华氏度 ≈1 537.78 摄氏度。——编者注

高温的空气，神不知鬼不觉地从缝隙渗透进船体，侵蚀着飞船的骨架。

地面上，在卡纳维拉尔角的控制室里，等待“哥伦比亚号”凯旋的 NASA 团队监测到机翼上的热传感器失灵，这是一个十分典型的故障。随后，监测机翼内起落装置的传感器开始狂闪。接着，飞行控制站便失去了来自“哥伦比亚号”的所有信号。

不过，这种情况实际上在飞行器重返地球时并不罕见。时间一分一秒地过去。飞行控制员认为，可能是传感器出现了故障。于是，他们在雷达上搜寻“哥伦比亚号”的踪迹。按照计划，它应该已经开始朝着肯尼迪航天中心宽阔的跑道进行降落了。手机铃声响起。有线电视新闻播放的画面显示，空中的“哥伦比亚号”从一条白色条纹变成了好几条。“哥伦比亚号”出事了。飞行主管转向一屋子的 NASA 员工，说出了令人窒息的一句话，一个在之后所有航空航天灾难发生后启动调查时都会使用的专门用语：锁好门（Lock the doors）。

负责调查“哥伦比亚号”灾难的调查委员会，在评估这场“碎片散落在两个州，覆盖面积达 2 000 平方英里”的爆炸时，没有如往常那样闪烁其词。“哥伦比亚号”的悲剧，不仅仅意味着一次工程的失败和一场悲惨的事故，对于那个似乎已经迷失方向的机构 NASA 来说，这更是亮起了红色的警示信号灯。NASA 自己也失败了。

航天飞机爆炸背后的罪魁祸首，既不是流星，也不是在轨道中就出现故障的太空硬件设备。由于机组人员中有第一位以色列宇航员伊兰·拉蒙，因此，一些观察家狂热地猜测，爆炸原因是恐怖袭击或蓄意破坏。但事实上，导致 7 名宇航员死亡的原因是一块约啤酒冷却器大小、重约 2 磅的隔热泡沫。这块泡沫是航天飞机主体的一部分。在航天飞机的设计中有一个折中设计，为航天飞机飞向太空提供动力的是一个携带着燃料和液氧的巨大橙色外部燃料箱，其在燃料用尽后会被直接丢弃。在飞行中，航天飞机将带着燃料箱上下翻滚和飞行。这项设计一直极具争议，因为它会让宇航员陷入危险之中。“我认为，这是我所见过的最愚蠢的事情。”在航天飞机首次展示时，一位日后会进入NASA管理层的专家如此说。

在计划这次行动时，NASA的工程师们担心，当外部燃料箱装满过冷的液体推进剂时，在其金属表面形成的冰可能会落下并造成损坏。为了防止掉落的冰造成的损坏，他们将绝缘泡沫材料覆盖在了燃料箱表面。工程师们用铝制的翼梁将燃料箱与火箭连接在一起，然后将泡沫材料包裹在接口处，并将其切割成流线型的轮廓。多年的经验告诉NASA，这些泡沫斜面很可能会在发射过程中脱落，但发射负责人并未将其视为一种飞行风险。相反，对他们来说，这些泡沫材料似乎无足轻重。

这是一个巨大的错误。

“哥伦比亚号”于2003年1月起飞，在飞行了近一分半钟后，其泡沫斜面便从外部燃料箱上脱落。泡沫斜面撞上了以每小时500英里速度飞行的左翼，并将保护性隔热层撕开了一道口子。这道口子具体有多深，我们不得而知，因为NASA官员并没有让在五角大楼工作的同事们，用间谍卫星或地面望远镜看一眼机翼的损坏情况。尽管地面上的工程师对此深感忧虑，但任务的负责人并没有采取什么措施来解决这个问题，甚至都没有警告宇航员在回家时将会面临巨大风险。他们只是十指交叉，祈祷最好的情况出现。不过，即使他们对损坏进行了检查，也无法在飞行过程中进行修复。调查之后，NASA得出结论，用另一架航天飞机仓促执行营救任务，的确有可能及时救出“哥伦比亚号”的机组成员，但它也可能会遭遇同样的问题。

NASA没有进入全面救援模式最主要的原因是，“哥伦比亚号”的任务管理者还要负责下一个任务的准备工作。调查人员认为，这其中有着重大的利益冲突，因为处理碎片的损坏或是泡沫斜面的威胁，都将使下一个任务的准备工作暂停。然而，航天飞机团队不想有任何新的延误，因为当时 NASA 正面临履行其在国际空间站职责的强烈压力。

NASA 花费了数千小时检查发动机、过滤器，甚至还在发射场地周边设置了额外的安全装置，以防止恐怖袭击，可它却忽视了防冰泡沫会带来的危险。事故调查委员会称，NASA 彻底地忘记了这个在航天飞机早期被认为相当严重的问题——泡沫碎片。

随着一次又一次的顺利飞行，工程师们开始变得自满起来，放弃调查在最坏的情况下可能会出现的情况。调查人员发现，“哥伦比亚号”的灾难，与 17 年前由一个橡胶圈引发的“挑战者号”事故之间，有着令人不安的高度相似之处。在这两起灾难中，忧心忡忡的工程师们都面临着一心想证明他们的运载火箭并不安全的管理层发起的挑战：建立一个既能在预算和计划框架下，执行复杂的航天工程任务，又能够避免自满和逃避责任的机构，远远超出了美国太空界的能力范围。

令人惊讶的是，虽然这场悲剧当时被记录在案，但是却似乎迅速地从这个国家的集体记忆中消失了。可能因为这是第二起类似的悲剧，与“挑战者号”的灾难相比，“哥伦比亚号”灾难的文化影响要更小一些，不过其中肯定有国家注意力被分散的缘故：事故发生后的 4 天，国务卿科林 · 鲍威尔出席联合国大会，就美国入侵伊拉克的错误行为做出了陈述。三月中旬，美军与联合部队将进入伊拉克。未来的几个月里，关于战争以及围绕战争进行的抗议活动的报道，占据了人们的所有注意力。

然而，NASA 却没有什么别的事情需要讨论。在调查结束后的那一年，航天飞机项目处又开始人头攒动。整个太空圈内都弥漫着一股浓浓的忧伤：担心这场悲剧也会让公众对昂贵的载人航天计划感到不满。尽管“哥伦比亚号”的失事，是将航天飞机项目钉入棺材的最后一颗钉子（其使得航天飞机计划于 2010 年终止），但这场事故并未改变这个行业的格局。从某种意义上说，1986年和2003年事故的教训是一样的：NASA就是缺少一款既廉价又可靠的航天器。而且，这一目标似乎也不太可能在短期内实现。正如事故调查人员所说："我们所建议的那种改变很难达成，而且会受到来自内部的抵抗。"

在美国，如果你想低成本地进入太空，那么SpaceX在加州埃尔塞贡多的小工厂就是你的最佳选择。

火箭，是迄今为止速度最快的载人工具，它们携带的宇宙飞船，是人类制造的移动速度最快的物体。这些设计是必要的，因为，如果你想要脱离地心引力的束缚，在地球轨道的某个位置上停留，那你必须满足一定条件，通俗地讲就是：向上飞的速度要比你下落的速度快。能够到达地球轨道的神奇速度大约是每小时17 500英里。只有以这样的速度运动，你才能在地球引力的作用下绕着地球转，而不是掉回地面。做个比较，一架747喷气客机的航速是大约每小时550英里，有人驾驶飞机的最快飞行纪录是每小时4 000多英里，而这还只是在试验性火箭飞机X-15上所设置的速度。轨道速度还只是个起始值，因为如果你想要离开地球，前往月球或者其他行星的话，你必须得再快一些。人类的速度纪录至今仍由"阿波罗10号"登月任务中的3名宇航员保持，他们曾以每小时24 791英里的速度返回地球。

在火箭业务中，还有许多其他的神奇数字。20世纪初，俄罗斯数学家、火箭理论学家康斯坦丁·齐奥尔科夫斯基推导出了许多表达式。这位自学成才的俄罗斯农民之子，在纸上思考出半个多世纪内都不可能实现的技术理论。（当你得知他是在火星定居的早期狂热者时，你便不会感到意外了。）事实上，他是第一个推导出火箭必须携带的推进剂质量与自身质量之间的关系，以及推进剂质量与其目的地之间关系的人。记住，火箭必须携带其所需的全部燃料和氧化剂，因为太空中没有氧气，为了能在太空中燃烧东西，你必须得带齐所有原料。

一旦知道我们需要多少能量才能进入地球轨道（至少足以使得运载火箭以每小时 17 500 英里的速度飞行），以及给定的混合推进剂能够产生多少能量后，我们就能准确地知道将火箭送到目的地所需的推进剂质量占运载火箭总质量的百分比。这条定律的影响，被称为“火箭方程的暴政”（根据火箭方程，并不是火箭级数越多，运动速度就会越快），而且物理学确实是专横的。

现今使用的普通火箭推进剂，是一种超精煤油与液态氧的混合物，需要占轨道火箭质量的 94%。汽车只需自身质量 3% 的燃料，一架喷气式飞机也只需自身质量 30% 的燃料，因此这是一个令人震惊的数字。对于一枚火箭来说，推进剂太少或太多都意味着灾难，因为当你以如此快的速度在高空中移动时，没有太多空间留给误差。如此微小的误差容忍度，意味着工程师用来处理问题的最简单的技术，如使过度设计的部件承受超过它们预期要承受的更大的作用力，在火箭中都不那么容易实现。

有一些方法可以用来优化这一数字：最常见的方法就是所谓的分级，即将多个小火箭堆叠在一起，组成一个大火箭。在飞行中，一旦一级火箭的燃料耗尽，它的整体结构、燃料箱和重型发动机都会从大火箭上脱落。现在，你可以代入更高的高度和更快的速度，再一次重新计算你的火箭方程，这样运载火箭的主体质量中推进剂质量所占比重就会降低，这也就意味着火箭能够携带更多的货物。这也就是为什么航天飞机会使用可丢弃的燃料箱，以及固体燃料火箭助推器，来实现升空。上文提到的这个比重是指，推进剂质量相对于推进剂以外的火箭其余部分质量（包括运载火箭自身的质量，即金属结构、管道、电子装置、发动机质量之和）的比。不过，那是在我们放入有效载荷之前的情况，如果有效载荷中包含人类，那么系统就需要确保这些人的呼吸、吃喝拉撒，还要保证温度适宜，好使他们不至于被热死或冻死。航天飞机的发射质量中的 85% 是推进剂质量。但是，其自重中仅有 1% 是有效载荷。因此，发射台上满载的火箭虽然重达 2 000 吨，但其携带进入太空的人和货物仅有 20 吨。

这些基本的物理和数学法则，在火箭制造过程中左右着一切。而这些也是 SpaceX 工程师们在试图制造美国历史上第一枚私人资助的轨道火箭时，所要面对的突出且残酷的现实。他们的初始预算是大约 1 亿美元，不过，与 5 年前政府为资助波音公司和洛克希德公司开发自己的火箭发动机所拨的 5 亿美元相比，这只是一笔小钱，在此基础上，他们进行了大量的投资。局外人对于 SpaceX 的期望并不高：他们普遍认为，SpaceX 只不过是又一个 BlastOff 而已。甚至连马斯克的早期顾问都对他的野心心存疑虑。一开始，这位企业家设想他的第一枚火箭会在 2003 年 11 月准备好发射。

“对于那些他认为可以做到的事情，他有着相当激进的时间表和设想，与我认为的一家全新的火箭公司所能达到的进度并不一致。”将马斯克带入火箭制造世界的约翰·加维之后这样告诉我。由于其商业计划变得愈发激进，加维决定不加入 SpaceX，他更喜欢经营他的小型卫星运载火箭事业。加维是波音公司火箭开发领域的老手，多年的从业经验铭记于心。他告诉我：“‘德尔塔 3 号’是由一群有着火箭制造经验的专业人士投入了 3 亿美元和数年时间完成的，而且最初还经历了失败。你怎么可能比得过他们？即使你招募到了最聪明的人，但是从零开始做一件事，是需要大量资金和时间的。”

从一方面来看，加维是对的：马斯克激进的计划，确实无法达成。由于经常与媒体分享他乐观的预期，马斯克获得了一个过于乐观的名声。但与此同时，正如我们所看到的，他所承诺的产品通常都出现了。不过，计划与现实之间的紧张关系，常常会让 SpaceX 的员工们抓狂，而这也将成为该公司持续面临的一个挑战。马斯克的高期望值，促使 SpaceX 形成了一种强大的问责文化，这不禁使人想起了让加维和 SpaceX 早期员工们习得手艺的那些小本经营项目：“那些高速且令人兴奋的项目，会让你关上门，全天 24 小时与技术人员们一起奋斗。”这种文化是 SpaceX 最有效的早期优势。

“我一直在试图搞清楚，为什么自阿波罗计划后，我们再没能取得进步，”2003 年，“哥伦比亚号”失事几个月后，马斯克对一屋子斯坦福大学的学生们说道，“我们目前处于一种甚至连将一个人送至近地轨道都无法做到的境况。这种境况的产生与其他技术无关。20 世纪 70 年代初你买到的电脑，大到会占据整个房间，而且计算能力还不如你的手机。可是现在，每个领域的技术都有所进步，为什么火箭领域却没有呢？”

对于马斯克来说，现在已经停飞的航天飞机“昂贵异常，而且相当危险”。由政府设计，波音公司和洛克希德公司负责执行的新型火箭制造计划，很有可能会超出其庞大的数十亿美元预算，并延期完成。“联盟号”，被认为与美国飞行器相比虽然“更便宜，也相对更安全”，但只要它的所有者是经济萎缩的俄罗斯，就不太可能引发一场进军太空的革命。解决这些问题的终极方法，就是“由自由企业精神来领导太空创业活动”。实际生产这类硬件的主要太空承包商的股东和管理层，可能不喜欢马斯克将他们的企业描述成自由企业以外的东西。然而，他们自己的员工（或经济学家），可能很快就会发现这个论点的问题。主要承包商往往是垄断者，它们将航空航天领域特许经营权牢牢抓在手中，然后往往又反过来只服务于单个客户：政府。这使得它们拥有要求获得有利润保障的合同的能力。批评者认为，这些举动削弱了追求利润最大化带来的创新能力。附加额外费用的合同对于股东来说极为有利，但它们不应被误认为是竞争。几年后，马斯克大概会成为唯一一位坚持固定价格政府合同的航天公司首席执行官，而 SpaceX 将会成为采购改革的一个激动人心的案例。

然而，在开始营业后不久，SpaceX 就成了一家“每个人都在做价值 10 亿的事情，而且你在开始做之后才知道你真正要做的是什么”的初创公司，格温·肖特维尔之后如此总结道。她是公司第 11 位员工，一开始，她负责为尚未建成的火箭寻找客户，随后她的任务扩展到与公司对外有关的所有方面，从寻求监管部门的批准到法务问题，再到任务整合。

聘用肖特维尔被证明是一个相当明智的选择，尽管马斯克要在数年后才会将他对公司的运营控制权交给她。肖特维尔，是一个将严肃的技术背景与美国中西部特有的简单直接的态度，以及与众不同的天赋完美结合在一起的人。当她还是个孩子的时候，在和母亲一起参加了一个女性工程师协会的论坛后，她便决定要将工程事业作为一生的追求。协会中一位演讲者的发言深深打动了她，这位演讲者将工程师描述成穿着漂亮的鞋子，拎着与之配套的包，以及拥有自信的人。好吧，不管机械工程师究竟是什么，那就是肖特维尔想要成为的人了。现在，她负责销售一枚还不存在的火箭，在与潜在客户见面时，穿着剪裁考究的套装和高跟鞋的肖特维尔与那些穿着运动鞋，在工厂里闲逛的邋遢工程师们，形成了鲜明的对比。

缺少可供销售的产品，并没有让她打退堂鼓，对于肖特维尔来说，SpaceX 在设计新火箭方面最大的优势就是从“一张白纸”开始，“我们不需要对已有的运载火箭进行优化。相反，我们的团队可能会问：‘如果想在保持较低成本的情况下提高我们火箭的性能，我们能做些什么呢？’”

通常情况下，太空计划主要聚焦于像航天飞机这样的大型项目，这些项目旨在使每一个潜在的客户满意，从军方到科学社团，再到卫星公司。然而，SpaceX 的第一枚火箭，却被设计成“最小可行性产品”，换句话说就是，被制成能够吸引付费用户的最便宜的产品。在这一基础上，公司可以进行迭代，并拓展其产品线。

这个“最小可行性产品”被称为“猎鹰 1 号”。是的，它的灵感来自《星球大战》中的“千年隼号”。太空流行文化赋予了 SpaceX 勃勃生机，使得它显得独一无二。SpaceX 没有用希腊诸神的名字为其火箭命名，如泰坦或是阿波罗，也没有使用官方语言，比如航天飞机的正式名称“太空运输系统”。如果老牌火箭制造商觉得，SpaceX 用文学想象中的飞行器命名它的航天器，显得很愚蠢，那么 SpaceX 更远大的火星移民任务，就更让它们无法接受了。但是，正是这种拥抱太空的宏伟计划，将最优秀的年轻工程师吸引到了 SpaceX，并使他们甘愿为这项古怪的工程项目不断努力。

SpaceX 人力资源主管布赖恩 · 布吉尔德告诉我：“我之所以加入这家公司，是因为公司文化的关键差异之一——强烈的使命感。”2003 年 8 月，布吉尔德成为 SpaceX 公司的第 7 名员工，他也是“猎鹰 1 号”的项目经理。“埃隆创立这家公司，是为了彻底改革进入太空的方式，他的最终目标是使人类成为多星球物种。如今，行业中有许多人都可以为这个使命出一份力……我们最终的目标是火星。”

不过，“猎鹰 1 号”并不是为了直接抵达火星而设计的。它只是通往那颗红色星球所迈出的第一步。马斯克告诉我，这个项目“是为了弄清楚火箭学的基础而设计的”。“我们对火箭制造一无所知。我们以前也从未造过任何东西。”肖特维尔将其称为“我们的练手火箭”。

被设计用来运载小型卫星的“猎鹰 1 号”，历经数次周末讨论会，最终从马斯克最初的那份电子表格中开发了出来。尽管它所能携带的有效载荷轻于其竞争对手的火箭：它能带到近地轨道（距离地球表面 200 英里处）的最大预期有效载荷约为 1 吨，但其成本仅为 600 万美元，远远低于当时可用的大一些的运载火箭。由于航天飞机项目叫停、空间站尚未完工、一次性轨道运载火箭每次的飞行费用超过 1.5 亿美元，所以，尽管电子产品的小型化使得在太空中测试硬件越来越有吸引力，但小公司或研究人员却几乎没有机会进行这种测试。SpaceX 的工程师们认为，这种可以按需将卫星送入轨道的低成本替代方案，很快会找到相应的市场，因而不必担心其会与洛克希德·马丁公司、阿丽亚娜太空公司和俄罗斯航空航天产业生产的大型飞行器直接竞争。

SpaceX 的如意算盘，还能从另一个角度看：自 20 世纪 80 年代的“星球大战计划”以来，美国军方一直渴望找到一种能迅速将小型卫星部署到太空中的方法。这就是 DC-X 项目背后的关键驱动力。SpaceX 最早的客户之一，是五角大楼的一个高科技研究部门 DARPA。该部门希望快速部署和操作小型卫星，以应对潜在的冲突。“这是一件很重要的事情：你只有屈指可数的几颗卫星，如果你的对手将它们干掉了，你就完蛋了。”星球大战计划中的一名资深人员，空军准将皮特·沃登告诉我。2004 年退役后，沃登为 DARPA 寻找小型火箭提供咨询建议，而 SpaceX 的“猎鹰 1 号”幸运地被选中。

为了服务好这个市场，工程师们想出了他们所能想出的最基础的设计方案。“我们在做每个决定时都考虑到了简单性。之所以要简单，是因为这样能在提高可靠性的同时，降低成本，”马斯克在 2003 年时说，“如果你需要的部件越少，那么可能出错的部件就会越少，而且你需要采购的部件也会越少。”“猎鹰 1 号”最终高达 70 英尺，由两级火箭组成，每级火箭都有单独的发动机。以齐奥尔科夫斯基关于质量、推进剂与轨道速度之间相互关系的铁律为基础，研发团队逐步开展火箭的研发工作。

许多工程师有着在主要承包商公司工作的丰富经验，他们清楚什么不该做。30 人的团队和小办公室，意味着他们所面对的业务成本比竞争对手要低得多，而 SpaceX 打算继续保持这一情况。他们尽最大努力预测制造和飞行过程中的每个阶段，以确保运载火箭的所有系统都可以尽可能地有效工作。那些看似简单的想法，惊人地节约了成本。例如，许多火箭公司选择垂直组装或测试其火箭。但是，SpaceX 却选择将火箭保持水平状态放置，直到真正发射的时候，才将其竖立起来。这意味着他们可以使用常规的商用仓库（这种仓库每平方英尺①的成本为 50 美分），而不需要建造一幢类似中空的摩天大楼那样的物料仓库（这种仓库每平方英尺的成本高达 30~40 美元）。这个决定还带来了其他好处：在 60 英尺高空施工的工人们需要大量的安全设施、培训，以及高昂的保险费用，而在 12 英尺的高度施工，工人们的费用会低不少，且更容易进行安全管理。

另一个简单的想法是：大规模生产。你想象中的火箭制造可能会是底特律式的流水线生产：由机器人和自动化设备完成，但是实际上，运载火箭大多是专门为客户定制化生产的产品。对于一家火箭公司来说，一年制造 12 枚火箭是一笔很大的业务，但对于一般的精密制造业来说，12 件产品则是很小的订单。火箭的零部件都是由训练有素的技术人员手工制作的。然而，SpaceX 却选择了一种不同的理念。

“大批量生产往往能够降低成本，所以我们得选择更高效的生产模式，”肖特维尔当时提出了这一想法，“更进一步说，我们的运载火箭将比手工制造的更可靠，就像本田汽车比法拉利跑车更可靠一样。虽然法拉利跑车的外形很好看，但本田汽车却更可靠。”

在一家传统的航空航天公司中，大部分的开发工作会被外包给分包商，但在 SpaceX，工程师们坚持要自己搞清楚运载火箭的每一个部分。SpaceX 未来的发射总工程师汉斯·科尼斯曼为“猎鹰 1 号”开发了飞行系统。在来到 SpaceX 之前，汉斯在祖国德国获得了博士学位，并在美国花了 5 年时间致力于卫星研究。当时，马斯克亲自到汉斯家

① 1 平方英尺≈0.0 929 平方米。——编者注

中拜访他，并邀请他加入 SpaceX。这位工程师常常感到十分困惑，因为他的德国口音在很大程度上影响了周围人对他的想法的认同，这也许是自沃纳·冯·布劳恩时代以来，美国火箭工程师们所形成的一种条件反射。不过，他发现与 SpaceX 这群热情、勤奋、努力工作的人共事，让他感到精神愉悦。在德国，他所供职的是一个名为“ZARM”的机构，相当于欧洲版的 NASA 喷气推进实验室。

科尼斯曼对 SpaceX 和 ZARM 进行了日耳曼式的精炼总结：“年轻人，我们的很多大型项目得到了大量资金支持，我们做了许多新东西。”

有时候，新东西意味着需要跳出固定思维思考。

“在那个时候，我真的觉得美国的太空技术是落后于世界上其他国家的，”科尼斯曼后来说，“归根结底，是由于美国的太空技术开发时间相对较长，因此它无法对最新型火箭进行试验。写提案的时间都够你把身边的东西送上天了。这种情况很明显的一个缺点就是，你总是落后 5 年，或者 10 年，甚至是更长时间。这是我们一直想避免的。我们并不耻于向其他领域借鉴：汽车行业最近如何？手机行业有什么成果？电池行业中有什么新技术？我们能不能用上这些？”

科尼斯曼将“猎鹰 1 号”的航空电子计算机亲切地称为 ATM（自动取款机），因为它操作起来很简便，却又能有效地处理重要事务。由于 SpaceX 不希望研发太空技术的成本太高，于是针对这一问题 SpaceX 想出了许多“小诡计”。比如，在寻找潜在分包商时，员工们不会明说他们的业务是航天航空，因为这是一张通往高价的单程票。马斯克之后说：“我们尽量不告诉太空行业以外的任何人，这是为火箭寻找部件，因为他们会觉得火箭是用魔法造出来的。”如果外部的东西更好，他们便会采用。例如，他们没有使用传统的像胳膊一样粗的大铜束电缆来连接火箭的计算机和电气控制设备，而是使用简单的以太网电缆，它们重量更轻，还比旧的电缆更可靠。“像这样的不起眼的小事累加起来后，就会产生巨大的影响。”马斯克说。

发动机中的阀门对于火箭的管道系统来说至关重要，因此 SpaceX 选择了一家美国海军救生筏阀门的主要供应商作为公司的阀门供应商。SpaceX 公司的第一批用于储存燃料的高压贮箱则被分包给了威斯康星州一家名为 Spincraft 的公司，该公司主要生产储存奶制品的金属筒仓。这两家公司都因其良好的表现而得到了马斯克的赞赏，但这位永不满足的企业家很快就将越来越多的任务收回，让公司内部自行解决，因为他发现分包商的延误会耽误“猎鹰 1 号”的进度。在一次考察行程中，马斯克对延误的消息表现出极端的愤怒，他对旁边的员工说：“你要把我们逼疯了，这让人很不爽。”这是 SpaceX 的雇员们相当熟悉的情景，每当截止日期逼近，他们的老板耐心快要耗尽时，就会这样大发雷霆。

不过，马斯克的直率，不论他是高兴还是不高兴，都是 SpaceX 的一项宝贵资产。管理人员和技术人员们很快就了解到，在涉及商业决策时，他们所在的新公司的首席执行官很少会表示满意。像贝杰尔德这样的 SpaceX 早期工程师描述了一种“最好的想法”为王，以及“由物理特性决定什么能实现，什么不能实现”的氛围。相反，那些才思枯竭或是忍受不了马斯克坏脾气的人可能会说，虽然物理特性对火箭来说很重要，但对于人员管理来说却不是正确的指南。与 SpaceX 合作的外部观察人士很快就会注意到，一种独特的企业文化正在 SpaceX 生根发芽，在 SpaceX，每周工作 80 小时是一种常态。

“在洛克希德·马丁公司，分包经理永远不会说‘我不喜欢这些标书’，或是‘我认为，我们自己来造，可以省去 2/3 的成本。’”一位资深的航空公司高管对记者说，“工程师小组会质问这些经理：‘你是说，相较于这家专业制造铆钉的公司，我们可以自己用一半的成本制造出来吗？’”与之相反，NASA 一位长期与 SpaceX 打交道的高管却常常会听 SpaceX 的雇员们说："好吧，我们确实可以从供应商那儿买到这个东西，但大概需要 5 万美元，太贵了，简直是太荒谬了。我们可以只花 2 万美元在自己的工厂制造这个。"他几乎从来没听过 NASA 的工程师们讨论一个零部件的成本。

然而，在 SpaceX，马斯克需要让他个人投资的每一分钱都能被明智地使用，并且能够快速取得成果。发动机是火箭中最重要和最昂贵的部件，在 SpaceX，发动机由汤姆·米勒负责。"在我开始研发梅林发动机的时候，传统观念是'只有政府才能开发出火箭'。"他后来对一群学生说道。

米勒很快发现，撇开价格不谈，航空航天供应商的工作效率对于他的老板来说太低了。"如果要花上两个星期或者一个月的时间给你报价，那么这个供应商明显就是不合适的。"他想起之前他曾收到的一份报价："这个部件对方报价几十万美元，而且要花 18 个月才能开发出来，于是我说，不行，我需要在 3 个月内拿到成果，他们听完还嘲笑我。"于是，米勒的团队开始在自己的工厂制造零部件，由于航空燃油的广泛供应，他们甚至考虑用它来为火箭发动机提供动力，而且每加仑[①]航空燃油的成本比超精制煤油 RP-1（火箭推进剂 1 号）要低 4 美元。不过，他们最后还是停止了折腾，因为航空燃油没法在火箭发动机中正常运转。

SpaceX 开始在莫哈韦沙漠进行发动机测试，按照惯例，它向一家名为 XCOR 的航空航天公司租用了试验装置。该公司是 X 大奖的众多竞争公司中的一员。SpaceX 早期致力于开发一种小型的一次性火箭，这意味着它不会参与该奖项的竞争，不过它的团队有着一种"尝试一切"的精神。然而，由于他们的测试进度，SpaceX 的这些菜鸟工程师很快耗尽了同行们和地方政府官员们的耐心，很显然，他们需要一块

---

① 1 加仑≈3.785 升。——编者注

自己的场地来进行推进系统的微调。

经过一番考虑，他们在得克萨斯州韦科市外的一个名为麦格雷戈镇的偏远城镇，建立了一片300英亩[①]面积的测试场地。这个小镇背后还有着一段历史：得州一位极具数学天赋的亿万富翁创立的比尔航空航天公司（Beal Areospace），20世纪90年代曾在此处建立工厂。那又是一个富有的企业家觉得私人发射公司看起来是一个好想法，于是试图从卫星星座计划中获利的故事。2000年，在测试了一款新火箭，但始终没有发射过一枚火箭后，比尔最终选择了放弃。SpaceX能通过对现有的一些设备稍加修改来实现自己的目标。最终，SpaceX将在此处建立其巨大的测试台。大测试台高百英尺，其混凝土支柱直径达10英尺，地基深70英尺，能够测试推力为1 500吨的发动机。在TRW工作时，米勒曾经在斯坦尼斯航天中心（Stennis Space Center）进行过火箭发动机测试，那是阿波罗时代起NASA在密西西比州的一个重要场地。发动机点火时，斯坦尼斯航天中心会有上百名工作人员进行轮班，而SpaceX公司将在仅10人在场的情况下测试梅林发动机。“我们并不需要一大堆人来测试这样一个发动机，”米勒说，“我想，只能说政府承包商们已经说服自己相信，它们确实需要那么多人手。”

制造火箭发动机的挑战不在理论上，而是在实际操作中：优化一个能够在不破坏火箭的情况下提供火箭升空所需能量的系统，不是一件容易的事。火箭发动机依靠的是被称为涡轮泵的部件（类似于喷气发动机），其会在极高的压力和温度的作用下，将推进剂注入燃烧室。梅林发动机的燃烧室，是在每平方英寸[②]承受1 000磅以上压力，温度达6 000华氏度[③]（比钢的熔点高3倍以上）的情况下运作的。为了避免

---

① 1英亩≈4 046.86平方米。——编者注

② 1平方英寸≈0.00 065平方米。——编者注

③ 6 000华氏度=3 315.56摄氏度。——编者注

灾难性的熔毁，工程师们在燃烧室内铺上了一层树脂和二氧化硅的纤维涂层，以便吸收热量和防止剥落，从而确保发动机能够运转足够长的时间，好将火箭送入太空——整整 160 秒。

推进小组在得克萨斯州进行了为期 10 天的轮班，每日在漫漫长夜中开车奔波于麦格雷戈试验场和位于洛杉矶的家之间的他们只能在开车路途中断断续续地休息。有时，他们会借用马斯克的公务机，有些人还会挤在飞机上的浴室中，在飞行于两个工厂之间的途中，短暂休息一下。然而，他们的进展却缓慢得令人沮丧，马斯克毫不客气地告知他的工程师们，他对他们的进度很不满意。除此之外，事情还朝着不好的方向发展：试验台被炸毁了，火箭的发动机在到达太空之前就熔化了，而且，受惊的牛群也在附近的田里绕着圈子地乱跑。

发动机的核心是一种叫作轴针式喷油器的东西，整个设计理念体现出 SpaceX 对简便、迭代和效率的极度痴迷。米勒是这种机械装置的发明者，这是 SpaceX 的第一项也是唯一的一项专利。这是一种将液氧和煤油混合在发动机燃烧室中的技术。与其把燃料注到一个有着许多小孔（喷头）的复杂部件中，不如将轴针这种简单的螺栓固定在将燃料注入燃烧室的管道内。当燃料的高压流冲击到轴针时，它便会将燃料喷射出来与氧气混合。SpaceX 的工程师们只需要简单地更换和调整新的轴针就可以顺利地完成推进剂燃料的混合，而不用重新加工整个发动机。这意味着他们可以更快地迭代，并测试新的设计，以便找到最有效的选择。

发动机的测试项目持续了 15 个月，直到 2004 年秋季才最终完成。微调，对于最终保证将火箭送入太空的确切时间至关重要。尽管有保护罩，但为了防止发动机因废气的热量而熔化，SpaceX 的工程师们增加了燃烧混合物中氧气的含量。这就使得发动机能够在较低的温度下燃烧，即使功率不那么强大。在首次成功的全程测试中，记者迈克·贝尔菲奥雷同团队成员一起从一个布满灰尘的掩体中观看了全程，在那里他们可以用闭路摄像机安全地监控测试（和四处奔逃的牛群）。米勒发出启动发动机的指令，掩体在“猎鹰 1 号”飞向轨道的整个飞行过程中都不断摇晃。贝尔菲奥雷回忆说，在欢呼声中，米勒转向一名助手，大声喊道：“快给埃隆打电话！告诉他，我们刚刚成功地完成了一次全程测试。”

梅林发动机将在未来几年内，经历 4 次重要的设计升级，它将在保留基础结构的前提下，变得动力更足、更可靠。在目前火箭发动机的发展进程中，这款发动机是有史以来最高效的发动机之一，它对推进剂的使用率高达 98%，且其真空推力重量比是 180，也就是说，虽然它的重量仅为半吨，但它可以产生超过 90 吨的推力。如果这种表达方式无法让你直观感受到火焰喷射发动机所能产生的能量，那么，就和一位火箭工程师向我建议的一样，不妨试着想象一台机器用力将 90 吨的砖块掷出去的场景。洛克希德公司还没来得及为其“宇宙神 5 号”火箭制造新的发动机，波音公司则已经在“德尔塔 4 号”的发动机上花了 5 年时间，而米勒的团队从零开始制造出一款新型美国火箭发动机，仅仅用了 2 年多时间。

一旦有了能够将火箭送入太空的发动机，SpaceX 日益壮大的团队下一步要做的就将是完成火箭的制造。这是一项将各个系统一体化的艰巨任务：将发动机、航空电子设备，以及其他所有部件全部整合到火箭中，并确保它能够正常运行。这一过程仅在马斯克预言他的第一枚火箭将成功升空后不到一年的时间就开始了。

与此同时，尽管他的“火星生命计划”已成为过去，但马斯克仍然试图围绕太空飞行的可能性，发表一次大型的公开声明。他决定，SpaceX 将于 2003 年 12 月，在华盛顿特区 NASA 总部外，展示“猎鹰 1 号”的全尺寸模型。这一举动将提醒世人，私营公司正在逐步占领太空，并期望借此吸引媒体和投资人的关注。他告诉记者们，他正在为另一枚更大的火箭筹集资金。在开发可用火箭的同时还要建造一个全尺寸模型的任务，为那些并不像他们老板那样相信公众宣传神奇之处的员工们，带来了巨大的压力。

这些员工同样也不喜欢马斯克将火箭开发的功劳据为己有的行为。“此时此刻，我可以说，我对火箭相当了解了，”2003 年夏天，马斯克对一位将他描述为“自学成才”的太空专家的澳大利亚记者说，“我对‘猎鹰 1 号’非常了解，我可以在没有蓝图的情况下，重新绘制出整个运载火箭。”2017 年，他对一位观众说：“我们一开始完全不知道如何造火箭，从零起步。我之所以最终成了总工程师或是总设计师，是因为我无法雇到这样的人，有能力的人根本不愿意加入。”

在华盛顿举行的活动并未如马斯克期望的那样，引起公众的关注。在 12 月的一个寒冷夜晚，位于华盛顿广场的国家航空航天博物馆外，受邀的国会工作人员和实习生、来自 NASA 的政府官员以及来自给商业航天飞行发放许可证的 FAA 的政府官员，纷纷忙着进入室内取暖，而并没有花太多时间欣赏那个圆筒状的火箭模型。马斯克读了一封来自加州共和党议员达纳·罗拉巴切的贺信。这位古怪的议员因对太空私有化、改善美俄关系，以及大麻合法化感兴趣而闻名。那个星期，他还发表了一篇专栏文章，着实是在 NASA 的伤口上撒了一把盐。

“我一次又一次地目睹了 NASA 的过度承诺、过度营销和对成本的低估，”这位议员写道，呼吁政府应更多地依赖私人太空企业，“NASA 一味地追求宏大目标，而忽略了那些可行且性价比更高的选择。”

在“哥伦比亚号”事件后，太空界中的许多人开始对 NASA 行动迟缓、缺乏新发明而感到烦恼。自 20 世纪 90 年代初起，航天飞机项目和国际空间站的建设，几乎占据了 NASA 所有的精力。在 NASA 内部，数千名才华横溢的工程师和研究人员将矛头指向了议员们，毕竟是他们负责设定 NASA 优先事项、分配那些常常自相矛盾的预算。与此同时，其他人也看到了新一代企业家驱动的太空公司将成为美国所渴望的轨道业务的潜在救世主。在一个月前的国会听证会中，一款商用太空助推器被看作“新太空大亨们和他们自己的火箭项目激起的第一道涟漪”，其中包括马斯克和被可笑地误称为“来自亚马逊网的斯科特·贝索斯的蓝色地平线公司”（正确的表述应是“来自亚马逊网的杰夫·贝索斯的蓝色起源公司”）。

然而，如果说过度承诺是太空界的一大罪过，那它也是一种原罪：因为每个人都这么做。航天飞机在“哥伦比亚号”灾难发生两年后才再次进行飞行。大部分由所谓天选的太空大亨们发起的项目，都失败或是延迟了 10 年。现在，马斯克已经完成了他的第一个目标。他告诉记者，“猎鹰 1 号”将在 4 个月后的 2004 年 3 月进行发射。不知道有多少参观者在观看马斯克的展示时，意识到他们面前的火箭只是一个模型，而不是一枚真正能够发射的运载火箭。除此之外，马斯克还没停止提高人们的期望值。马斯克公布了他的新火箭计划，新火箭被称为“猎鹰 5 号”，因为它将由 5 台梅林发动机推动飞行。马斯克说，这款火箭将在两年后，即 2005 年完成生产。

2004 年将成为私人航天史上的一个重大转折点，一个划时代的事件将会使马斯克和他的竞争对手都受益良多。

唯一的问题是什么？这个事件与马斯克和 SpaceX 没半点儿关系。

第7章　从来都是“拐弯抹角”的

如今，整个美国航空航天业和国防业的项目管理文化，都极大地偏向于过度保守主义。对我来说，这是代议制民主带来的一个意料之外的结果。

——迈克尔·格里芬，NASA 前局长

2004 年 10 月 4 日，在保罗·艾伦的慷慨资助和伯特·鲁坦的专业技术支持下，第一枚私人出资、可重复使用的载人航天器，成功地在一周内进入太空两次。航天飞机项目仍处于搁置中。“太空船 1 号”是由鲁坦在莫哈韦的试验性航天器公司缩尺复合材料公司制造的。鲁坦是那种留着银色络腮胡，住在自己设计的六角型金字塔式的房子里研究肯尼迪遇刺事件的人。他的公司专攻推动极限，致力于制造一架能够在世界各地直飞的飞机，该公司还为业余爱好者们设计工具包，以便他们能够自己建造轻型飞机。

缩尺复合材料公司将因“太空船 1 号”赢得彼得·戴曼迪斯 1 000 万美元的 X 大奖，并证明一家私人公司在没有政府协助的情况下，也能因将人类送往太空而名留史册。他的竞争对手中没有一个可以造出能将人送到距离地面 100 公里处的航天器，更不用说一周飞行两次了。

鲁坦很早就意识到，那些研究垂直起降火箭和太空舱的人，就是在白费力气。阿波罗计划和传统的人类火箭技术，只不过是这场太空竞赛中的错误灵感。不过，莫哈韦的那一代宇航员，即那些为美国空军试飞火箭飞机的飞行员，却提供了一种不一样的飞行方式。鲁坦是在爱德华兹空军基地开始他的飞行测试工程师职业生涯的，他的工作是帮助那些飞行员搞明白如何活着挑战极限。

该计划中最有名的飞机之一是 X-15，其出自一个 NASA 与空军的联合项目。X-15 看起来更像是一枚弹道导弹，而不是一架战斗机，为了能够将其降落在跑道上，它的飞行员不得不放弃 4 根尾翼中的一根。它被安装在一架 B-52 轰炸机的底部，被带到距离地面 8.5 英里的高空，然后被空投下去，将携带的火箭以超音速射出。1959 年至 1968 年期间，包括未来的登月先驱尼尔 · 阿姆斯特朗在内的 8 名飞行员，突破了“隐形”的太空边缘，并被授予宇航员的飞行徽章。

鲁坦认为，X-15 是赢得 X 大奖的最佳雏形。他可以利用近半个世纪以来的技术进步，来制造自己的太空飞机。他能够让它变得更安全：在 1967 年的一次飞行中，X-15 曾因螺旋式下坠解体，夺去了试飞员迈克 · 亚当斯的生命。鲁坦想出了一个改进设计的好方法。太空飞机能遇到的最危险的情景，是在高速返回大气层时，火箭发动机燃料耗尽，并且由于空气太稀薄而无法保持平衡。因此，鲁坦的关键创新是一个巨大的旋转翼，当航天飞机进入大气层时，它的尾翼会向上旋转。这将迫使“太空船 1 号”船腹最先向下飞行，就像下落的羽毛球一样。

在 2000 年，经过几年的讨论，艾伦终于相信这个设计一定会大获成功。这位亿万富翁出资组建了一家合资公司，制造了“太空船 1 号”，并赢得了 X 大奖。最终，艾伦将会在这个项目上投入 2 000 万美元，以试图开创商用太空的新时代。2004 年夏天，当缩尺复合材料公司 64 岁的试飞员迈克 · 梅尔维尔拉动操纵杆，将“太空船 1 号”与母船分离时，航天飞机项目仍然处于搁置状态。他第一次飞入太空，到达距离地面 100 多公里的高度。缩尺复合材料公司是争夺 X 大奖的参赛者中第一个，也是唯一一个真正进入太空的选手，不过获得该奖项需要他们在两周内飞两次。于是，他们选择了在9月的最后一周，也就是3个月后，在必要的媒体造势和重要人物在场的情况下，再进行两次试飞。

当时，正如记者朱利安·格思里在对X大奖的描述中所说的那样，这其中仍然有一个并不为许多人所知的大问题。第一架飞行器仅仅搭载了一名乘客，而且在其转向返航前，差一点没有到达关键性的高度。为了满足X大奖的条件，“太空船1号”需要携带600磅的压舱物，这相当于两名乘客加上一名飞行员的重量。就当时的情况看，飞行器上的火箭发动机并不能使飞行器到达足够高的高度，而且很有可能会使它沿着危险的运动轨迹接近人口密集的地区。

为了找到解决办法，鲁坦决定使用空对空导弹，如响尾蛇导弹（Sidewinder）和高级中程空对空导弹（AMRAAM），从本质上说，它们是北约战斗机在空战期间发射的一种小型固体燃料火箭。两枚这样的导弹在移除弹头后，以正确的角度安装在“太空船1号”上，并在同一时刻点火，在理论上能够提供足够的能量，让“太空船1号”冲过空中那条看不见的终点线。由于最后时刻可能会出现的变化，这是一个戏剧性的，甚至是危险的计划。

鲁坦的团队已经习惯了他的做事方法，但即使是他们，也认为这个想法是疯狂的。航天飞机对于绑在其两侧的导弹会有什么样的反应，他们心中并没有概念。而且，如果安装角度或者点火时间出现错误，最有可能出现的结果会是飞机失去控制。一方面，鲁坦和他的一名试飞员给他们在国防承包商中的朋友打电话，寻求多余的导弹。另一方面，其他的工程师则在拼命地寻找一种能够给发动机提供足够额外动力的方法，以便阻止鲁坦选择使用导弹的方案。

还好，他们及时找到了一种方法：尽可能地减少飞行器各个部分的质量，如打磨金属表面，将钢固件更换成钛固件，去掉多余的内部装饰品，去除测试电线与传感器，以便减少飞行所需的推力。另外，他们还通过储存氧化剂的贮箱为其定制的火箭发动机补充动力，即使用一氧化二氮作为燃料。这样做是有风险的：液态氮在加热时会膨胀，如果膨胀得太严重，就会使贮箱破裂。不过，他们还是尽最大努力检查发动机内每一个部件的性能。他们认为，如果能够聚精会神地监测贮箱的温度和压力，严格按照加油程序操作，并在太阳还未将沙漠“烤熟”的清晨起飞，其发动机就是安全的。

至少，比在航天飞机上绑导弹要安全。鲁坦听从了他的团队的建议。

第一次飞行在紧张焦虑的氛围中进行。还是由梅尔维尔驾驶，从发动机点火的一瞬间开始，“太空船 1 号”就陷入了一种惩罚性的翻滚状态。它直直地朝太空飞去，但一路上不停地旋转。在地面上，从飞机的螺旋轨迹中能很清晰地看到有些地方有点不对劲。不过，老练的飞行员仍然保持冷静，待发动机的燃料燃烧殆尽时，他已然进入了太空。在那里，他可以使用本质上是压缩空气罐的控制推进器来重新调整他的飞机。在失重状态下，他拆开了一袋 M&M 牌巧克力豆，看着它们在驾驶座旁散开。

6 天后的第二次飞行非常完美。这一次，前海军飞行员布赖恩 · 宾尼挣脱了地心引力的束缚，顺利地进入了太空。事实上，他打破了 1963 年 X-15 所创的高度纪录。这对于“新太空”界的人来说是一个重大的时刻。正如宾尼在飞行后所说的那样，“相信某件事的一群人”中的一员成功了。负责“太空船 1 号”背后知识产权问题的艾伦和理查德 · 布兰森在场亲眼见证了这一时刻。

在这次破纪录的飞行前，理查德 · 布兰森曾向艾伦支付 200 万美元，以在“太空船 1 号”上印上维珍的徽标。他的计划是，制造一款更大的能够搭载 7 名付费乘客的航天器——太空旅客乘坐这款航天器进行飞行，并在航天器滑翔回地球前体验一把失重的感觉。如果能够充分地进一步发展，航天飞机的亚轨道客运可能会成为现实：从洛杉矶快速起飞，滑翔至伦敦希思罗机场仅需 3 小时，而非之前的 12 小时。布兰森建立了维珍银河公司。

至于马斯克，他为竞赛项目投入了一些资金，目的是让公众关注太空项目，但他从未直接让公司参与过竞赛。“太空船 1 号”获奖一个月后，他告诉一位记者：“到头来，这只会分散人们的注意力。而我则可以通过合同和分红，获得比 X 大奖奖金更多的钱。”

尽管 X 大奖带来了一些乐观情绪，但现实是，私人火箭制造商们仍远远落后于美国政府。毕竟，鲁坦本质上是在复制美军 40 年前的做法。太空的边缘仍然是边缘。到达那里是有象征意义的，但很难像将卫星送入轨道那样赚钱。“太空船 1 号”的最大速度不过每小时 1 000 多公里，远不足以逃离地心引力，抵达地球轨道。它的目的仅仅是赢得一场竞赛，而不是维持一项业务。这个问题在布兰森任命鲁坦领导的团队为太空旅行制造一艘更大的航天器时，更加明显了。10 多年后，仍然没有乘客坐上航天飞机。

“鲁坦试图实现的确实是一项绝妙的设计，但它只能实现潜在的亚轨道旅行业务，无法开启未来，”格里芬，一位就私人火箭业务与马斯克展开头脑风暴，并加入他的俄罗斯之旅的博学大师告诉我，“但是，你知道，‘圣路易斯号’并不是作为帆船的升级版出现的。”

即便赢得 X 大奖并不像预期的那么令人激动，但“太空船 1 号”的成功飞行，给最近一系列令人沮丧的太空失败，提供了一个强有力的对比，并为商业公司打入美国太空计划提供了一根杠杆。

鲁坦曾在 1996 年的 X 大奖声明中，与当时 NASA 局长丹·戈丁当面对质，声称“NASA”应该因其缺乏冒险精神而被称为“说不”（nay say）。戈丁在履职期间的大部分时间里，都在与这种态度做斗争：促使机构加快运作速度，接受失败的可能性，但他也只能辩称，这种情况已经在改变。毕竟，他赞同 X 大奖的精神，并在戴曼迪斯试图保持竞赛的活力时，给予了支持。

鲁坦赢得X大奖后，总统乔治·W.布什从空军1号上发来贺电，并称他们的飞机比他的要酷很多。他的政府正准备让NASA进入一个新的发展阶段。迄今为止，私人太空飞行的最大成功，是呼吁政府努力解决一个日益紧迫的问题：他们将如何在6年内找到航天飞机的替代品？国际空间站即将完工，美国将需要若干能将人员和物资送往轨道实验室的方式。否则，它将依赖于其合作伙伴，才能维持国际空间站的运作，并从中获益，就如同政府建造了一家价值1 000亿美元的酒店，但如果不付钱给别人，就无法光顾一样。

2004年，布什指控格里芬拖慢NASA进入新世纪的进程。

格里芬以最快的速度摆脱了这一指控。在其听证会上，这位NASA新任主管告诉议员们，仅空间站本身，并不值得“浪费资金，冒风险”，也不是“载人航天的难点”。他积极响应小布什总统关于10年内重返月球的呼吁，而1989年老布什总统也设定过相似目标。

格里芬的主要影响体现在里根时代的星球大战计划，该项目的准确叫法应该是战略防御计划（SDI）。它的出现，是为了满足新总统的意识形态目标。里根政府想要在核战略中找到一张王牌，代替“同归于尽”的威慑逻辑（该核战略从理论上来说就是，将核战争的后果摆上台面，让双方明白这将是一次同归于尽的行为，而达到预先阻止核战争的目的）。这个战略防御计划，将通过研发新技术来摆脱这种困境。为了解除日益令人不安的核弹头导弹威胁，该计划考虑了从导弹到激光，再到磁力轨道炮的所有可用工具。

例如，战略防御计划中最著名的计划之一的灵感来自人们观察到的速度极快的弹道导弹只要被一块小石头击中，就会完全摧毁的现象，这不禁让人回想起当年泡沫块对“哥伦比亚号”毁灭性的影响。但是，任何反导弹装置都需要足够智能才能找到它们的目标，因此反导弹卫星星座便以此命名：智能卵石。

在实际作战中，为了让这些科幻小说中的武器成为现实，许多年轻的极客们得到了大笔研发资金，以及由于核危机所产生的一定程度的紧迫感。詹姆斯·马瑟，当时是该项目中的一名年轻工程师，他回想起当时从洛克达因公司大厅中挂着的一艘作为营销道具的太空飞船中搜寻零部件，并将它们移植到火箭上的场景。“我们每周工作 6 天，持续了整整 6 年，”马瑟说，“我们身上背负着太多的责任，我们已经尽可能快地推进工作……一旦我有了那种责任感和紧迫感，我发现我根本无法在传统的官僚主义环境中工作了。”20 世纪 80 年代，该机构发射了 3 枚卫星，并开发出了成本较低的新技术。

他们的成功，让人们开始质疑 NASA 关于在太空中执行探索任务难度的说法，即使是 NASA 忠诚的支持者，也开始怀疑究竟有多少资金被真正用到了那些被普遍认为是不着边际的想法中。前美国空军军官沃登嘲讽地称，NASA 应重新命名为“拐弯抹角”（Never A Straight Answer）机构。

这是 NASA 批评人士们的一个普遍观点，他们认为 NASA 已然陷入了拖延与预算超支的恶性循环中。许多诞生于前 NASA 时代火箭开发竞赛中的航天中心牢牢地与 NASA 工作人员、政府承包商以及议员们所形成的影响力网络绑定在了一起。然而，这些相关方都未为那些复杂且耗资数百万美元的技术项目负起真正的责任。因此，我们需要的是军方需求的纪律或市场。

要做到这一点并不容易。1992 年，马克·阿尔布雷希特这位战略防御计划的另一位支持者、乔治·H·W. 布什的首席太空顾问，任命太空承包商 TRW 主管丹·戈丁为 NASA 的管理者。戈丁强调“更快，更好，更便宜”这一观点，他主张让 NASA 用更灵活、目标更明确的任务代替那些耗资数十亿美元的项目。戈丁即将成为 NASA 史上任职时间最长的一位管理者，但是他试图改变 NASA 文化的努力因几次失败而毁于一旦，其中包括由于洛克希德 · 马丁公司的工程师们忘记将一个至关重要的制导软件中的英制单位转换为公制单位，而失去“火星极地登陆者号”的事故。尽管其在任职期间也获得了一些成功，如“火星探路者号”任务，但那些失败还是使其被打回原形。“NASA 的保守派发动了一场反革命运动，将所有试图改变现状的新人赶下台。”在戈丁任期结束后，一位航天工程师这样告诉我。

到 2001 年小布什开始执政时，NASA 仍然没能解决其预算问题。布什任命肖恩 · 奥基夫来执掌 NASA。虽然几乎没有任何太空背景，但奥基夫是一位擅长制定预算的专家。他领导了对空间站计划的重新设计，从最终方案中削减了数十亿美元预算。当 NASA 成为一个“非常积极进取的机构”时，他却觉得 NASA 缺乏焦点。“如果你在电梯中随便问一个人，让他告诉你 NASA 正在做什么，”他对我说，“在你下电梯时，你都没法听完长篇大论中的前两节。”“哥伦比亚号”触目惊心的损失使得任何形式的标准化都变得不可能，尤其是在毫不留情的事故调查报告将事故发生的责任完全归咎于 NASA 的文化失败上时。在 2004 年赢得连任后，小布什对格里芬委以重任，让他重整 NASA，而且格里芬自己也想这么做。里根时代的航行者又回来了。

“每个人都被告知要想出一个正确的愿景，经济顾问委员会也加入进来，不过他们的愿景是只留下几百顶尖人员，然后将资金投到私人企业。”一位布什白宫顾问回忆道。他们并没真的那么做，但是这种态度表明了一种新方法。格里芬在其少年时代和大学时代关注着阿波罗项目，但当他入行时，已经没有大型火箭可以建造了。他在战略防御计划中的工作，对美国导弹防御项目起到了至关重要的作用，但他从未建成他最初设想的那种规模化的太空系统。在戈丁手下担任 NASA 副局长期间，格里芬并未留下重大政绩。现在，他升为 NASA 局长，他终于可以实现自己的梦想：设计和发射载人飞船，将人类重新送上月球，以及月球之外的地方。这将被称为“星座计划”。

在此之前，格里芬不得不允许航天飞机恢复飞行，以及建造空间站，而这些恰恰是他在首次亮相时被批评为毫无价值的项目。“迈克关注的是探索，而不是国际空间站。”格里芬的一位高级职员称，他不知道他的老板是不是将空间站视为“一个我们一直砸钱进去的巨大老鼠洞”，不过，不论格里芬的观点如何，为了达成布什政府对月球探测的愿景，他必须完成这两个重要项目。不管怎样，政府已经将太多资金投到国际空间站中了，现在放弃更不划算。

迫于白宫预算办公室中“成本节约”和“自由市场”的支持者的压力，格里芬最终同意将接入空间站的任务外包给私营企业。与此同时，NASA 可以制造一枚用于深空探索的火箭。格里芬所需的是一辆前往宇宙中最昂贵场所的出租车，而他所要做的就是租一辆。阻碍是什么？“没有东西可买。”被指定解决这个问题的艾伦·林登莫耶说。林登莫耶在政府采购方面经验丰富，并在空间站工作长达数年之久。不过，当时负责 NASA 太空运营的比尔·格斯滕迈尔坚持让他负责这项工作的主要原因是他具有创造性解决问题的能力。格斯滕迈尔后来说：“如果格里芬选择的是一个典型的 NASA 人，那么他们在遇到第一个障碍时，会看看融资情况，在发现缺乏资金后，便会放弃。”

尽管在“挑战者号”之后研发的火箭，如“宇宙神 5 号”和“德尔塔 4 号”的推力足以将货物运送到空间站，但它们并不符合载人航天的安全标准，而且，由于没有航天飞机，NASA 和拥有运载火箭的私营企业都无法将宇航员，甚至是货物，送到空间站。这正是格里芬在其担任 In-Q-Tel 投资公司总裁时所设想的市场，该公司是一家由 CIA（美国中央情报局）资助的风险投资公司。该公司将资金投给可能会开发出用于探听地缘政治对手信息的开创性技术的卫星企业。而 NASA

也打算做同样的事：创造一个轨道运输服务市场，并向可能的参与者提供种子资金。In-Q-Tel 拥有 5 000 万美元的预算，而格里芬命名为 COTS（商业轨道运输服务）的新项目将会拥有 5 亿美元的预算。这个数字是如何得出的？“说实话，这是我编造出来的数字，”格里芬后来说，“我只不过是把我们在 In-Q-Tel 的预算乘以 10……几亿美元对于小企业来说意义重大，但对太空领域却只是九牛一毛。”

2000 年，NASA 尝试了一个类似的项目。NASA 为 4 家火箭初创公司提供了 90 多万美元的种子资金，但这 4 家公司中没有一家能使人满意。这其中还有文化冲击。NASA 习惯于与其承包商建立明确的供应关系：详细说明交付的产品，如何交付，何时交付，由谁交付，并严格执行这些条款。因此，NASA 很难吸引那些不了解政府合同的公司，而这又反过来限制 NASA 以不同的方式开展业务。这 4 家新公司承诺，如果它们能够以自己的方式工作的话，便可以降低成本，然而，这种方式却加剧了位于休斯敦的约翰逊航天中心的空间站项目，与在肯尼迪航天中心开展的航天飞机计划之间的分歧。“空间站项目给了这种方式一次尝试的机会，但航天飞机计划却对此不屑一顾。”林登莫耶告诉我。

格里芬出任管理者，NASA 内部便有了一个对成为消费者，而非监督者感兴趣的领导团队。马斯克和贝索斯几年前就说过，风险投资者对太空不感兴趣，政府也厌恶风险。现在，一位风险投资者，或者说一位非常接近风险投资者的人，掌管了这个星球上最大的政府太空机构。他的计划是要颠覆 NASA，以及联邦政府制定的指导方针，正是由于这些指导方针，其他技术发展才如此迟缓。这意味着放弃对设计的控制以及由此产生的知识产权的所有权。

不过，新项目的本质将是建立在固定成本上的商业伙伴关系，而非建立在成本加利润的合同之上。在格里芬的眼中和行业的一贯认知中，进入空间站，也就是到达近地轨道的难度并不足以保证一定的利润。毕竟，已经有许多国家通过各种运载火箭完成了轨道运输。首次将人类送入太空的双子座计划，仅仅用了不到 3 年的时间，耗资不到 30 亿美元。在格里芬听证会前一周的缩尺复合材料公司“太空船 1 号”的成功，表明了私营企业至少能够完成之前那些太空计划做到的事，并且是以远低于之前 NASA 所耗的成本完成。

“以当下我们这一批从事航空业务的公司的角度来看，我们真的相信我们自己的新闻稿，”阿尔布雷希特说，他在卸任洛克希德·马丁公司国际发射服务部首席执行官一职后，在航空航天领域开始了自己的职业生涯，“我们认为，太空事业之所以很艰难、代价高昂且困难重重，问题就出在我们为政府工作的方式上。”

现在，这句断言将会受到考验。林登莫耶开始想办法让那 5 亿美元发挥作用。迈克尔·霍利，NASA 总法律顾问、前战斗机飞行员，帮助林登莫耶建立了一套被称为“太空法案”的法律机制，以避免常见的官僚习气。这份法案有着一个独特的历史渊源：被委托撰写原《美国国家航空航天法案》（1958 年由艾森豪威尔总统签署创立 NASA 的法案）的是一位神经质的年轻律师，他担心法律术语中的一些混乱可能会危及建造顶尖人造地球卫星的竞赛。为了防止自己遗漏某些重要事项，这位律师补充了最后一项条款，该条款赋予 NASA 为完成任务而达成任何必要交易的权利。“他基本上就是在说，‘如果我忘记了某些事项，就用这条补救吧’。”霍利说。

除了删减繁文缛节，这个“达成其他交易的权利”还允许 NASA 为参与项目的公司制定激励措施，鼓励它们投入大量自有资金。这对于确保 NASA 的星座计划能够筹集足够资金至关重要。项目中的第一枚火箭“战神 1 号”作为航天飞机的主要替代品，能够将宇航员安全地送入近地轨道。“战神 1 号”诞生后，一枚更大的货物运载火箭“战神 5 号”，也随之诞生。然而，这两枚火箭都是为了应对行星探索而研发的，而非空间站的简单任务。

在很长一段时间里，格里芬一直在思考如何制造火箭。甚至，他真的与另一位资深航天航空工程师詹姆斯·弗兰奇合作编纂了一本关于这一主题的教科书。为马斯克做咨询，并陪同这位企业家前往俄罗斯购买火箭时，格里芬提出了一项建议：雇用一支工程师团队，利用现有供应链提供的零部件制造火箭。他对这个行业的了解，将使他有能力交付一枚完全符合任务需求的火箭。此时已对航空航天行业现状持怀疑态度的马斯克也加入了约翰·加维、汤姆·米勒和其他人想要在沙漠中达成的任务之中。不过，当他邀请格里芬担任 SpaceX 总工程师时，两人的看法并未达成一致。

如今，格里芬提出了一个让马斯克和其他火箭企业家都无法拒绝的建议。这相当于是使大量种子资金流入开发马斯克所需的抵达火星的技术领域。NASA 向技术开发伙伴们发出了倡议。申请者需要展示其能利用可靠的运载火箭，在加压和未加压的条件下，将用于运送货物的航天器送到空间站。如果它们能够完成该项任务，NASA 则会期望它们能够在载人方面有所突破。

NASA 的律师们在圣诞节期间加班加点地工作，努力找出规避采购规程的细节。2006 年年初，NASA 公布了提案的官方声明，他们并未称之为“征询方案”，因为这个术语是为传统合同保留的。这将仅仅是一项促进私营企业太空能力的开发计划。除了必要的基本能力外，提出申请的公司可以从头到尾自由设定报价，并阐述它们将如何使用这 5 亿美元中的一部分。

不同于原来由 NASA 提出要求的方式，现在，这些公司需要自己做出评估（这是“里程碑”式的事件），这将与财务支付挂钩。多年来，太空初创公司一直在告诉 NASA，在制造火箭方面，它们能做得更好。现在，它们有了一个证明的机会。

第 8 章　到达极致高度的方法

为了登月而制造一枚火箭，将会花费一大笔资金。可是，难道它不值得吗？令人遗憾的是，我无法将我的想法商业化。

——罗伯特·戈达德，1920 年

埃隆·马斯克在发给 SpaceX 粉丝们的一篇博文中写道："我想，我已经意识到，是什么让轨道火箭开发如此艰难。"这篇博文在格里芬被提名接管 NASA 后不久的 2005 年元旦发布在了 SpaceX 的网站上。在公司成立初期，马斯克会写一些博客，用他在研究中学到的大量火箭行话描述他的团队的工作，或是坦率地对公司现状进行评论："我们在范登堡一家博物馆陈列的一枚老式托尔火箭和活动发射装置中，找到了一些灵感。我不明白，为什么这些想法之前被放弃了。"

然而，在此之前的一年，"猎鹰 1 号"发射时间的推迟，对于马斯克来说是一个警钟，这标志着在 SpaceX 实现他的设想是多么困难的一件事。这带来了一场内省。"这并不是说所有特定要素都如此困难，而是说，你必须开发一款非常复杂的产品，而且直至发射，你都无法在真实环境中进行全面测试，但当你发射时，你不能有任何故障，"马斯克写道，含蓄地将他现在的工作与他之前在软件行业的生活进行了比较，"与其他产品不同，火箭在升空之后是无法进行错误修正或是召回的。与飞机或是亚轨道火箭相比，其容错率要低得多。"

“在绞尽脑汁、废寝忘食地努力完成这项工作之后（而且我们还没完成），我对任何尝试开发一款真正的运载火箭的人，内心都充满了敬意。”

马斯克显然是从硅谷的角度来审视他的工作的。在 2004 年年底发布的一篇博客中，马斯克写道，他的团队成员将用“显微镜”来检查他们的火箭，确保一切在飞行前准备就绪，因为正如安迪 · 格鲁夫所说，“只有偏执狂才能生存”。他还附上了这位英特尔前首席执行官的同名著作在 Barnes & Noble 网站上的链接，注意，不是亚马逊网！很显然，马斯克坚决不会留给竞争对手任何好处。

2004 年，SpaceX 在加利福尼亚范登堡空军基地架设起了“猎鹰 1 号”火箭。这里的军事设施以测试核洲际弹道导弹和美国反导弹拦截器而闻名于世。与卡纳维拉尔角一样，该基地之所以选择这种特殊地理位置，也是出于让卫星更方便地进入太空的考虑。与更便于自西向东发射卫星的卡纳维拉尔角不同，范登堡空军基地的地理位置沿着地球的自转方向延伸，因此适合自南向北发射卫星。这条路径被称为“极轨”。抛开其他原因不论，对于间谍卫星来说，若想利用好天眼，尽可能多地覆盖区域是最佳方式。SpaceX 搭建了一座小型发射台，以便在它洛杉矶大本营的附近测试其火箭。

调适好地面系统是飞行前一项重要的演习，但 SpaceX 仍在等待米勒团队完成梅林发动机全工作时间点火的测试。这项测试要到年底才能完成。当马斯克还在思考制造火箭所面临的挑战时，SpaceX 就已经开始着手测试完整结构的运载火箭了。

此时，SpaceX 的领空正面临着竞争：美国国家侦察局（National Reconnaissance Office）计划从范登堡空军基地发射一颗绝密间谍卫星。这颗卫星被称为“锁眼 11 型”(KH-11)，其与哈勃太空望远镜类似（一个校车大小的红外线电子望远镜），只不过它是指向地球，而非太空。

SpaceX 的发射计划中有一枚试验性火箭将在升空过程中飞越这个耗资数十亿美元的太空硬件，而掌权者们显然不可能愿意冒这样的风险。这颗间谍卫星将会是 20 世纪 80 年代洛克希德 · 马丁公司所造的“泰坦 4 号”火箭的最后一名乘客。这枚老旧的火箭的推迟发射打乱了 SpaceX 公司推出新火箭的计划。

SpaceX 厌倦了等待。为了摆脱监管限制，SpaceX 计划在太平洋深处的马绍尔群岛的夸贾林环礁，完成发射“猎鹰 1 号”的任务。夸贾林环礁上还布有强大的雷达站，甚至还安置有一个在战略防御计划中被设计用来从太空进行打击的巨大激光武器。这个地方很符合马斯克的伪超级反派生活风格，但他主要担心的是 SpaceX 的火箭进度落后于他的设想。是时候开始飞了。C-17 运输机是一种用于运输军用车辆的巨型飞机，其负责将“猎鹰 1 号”的部分零件从大洋彼岸运送到 SpaceX 新的主要测试地点。那是环礁中的一个名为奥莫莱克的小岛。对于岛上的“猎鹰 1 号”团队来说，生活相当艰难。他们住在夸贾林环礁同名的主岛上，每天坐船横穿环礁到奥莫莱克岛的通勤时间是 40 分钟。为了消磨在岛上的大把时间，工程师们会相互进行即兴演讲，或是考取潜水证书。然而，昆虫、晒伤和极度无聊的感觉，戳穿了马斯克对这座小岛的美好描述（他在一篇博客中将其描述为“热带天堂”）。这处远离制造车间、员工们的家或是常规电力供应的偏远场地，并不是火箭测试的理想场所。咸湿的空气会腐蚀电子产品，而且重要的补给也很难获取。在一个测试周期中，团队就用掉了点燃发动机所需关键推进剂量一半的液态氧。坏掉的储存阀，加上意料之外的高温和糟糕的计划，使他们除了租更多的飞机飞往夏威夷购买液态氧，什么也做不了。马斯克的兄弟金巴尔在参观这个“火箭岛”期间写的一篇博客文章中，讲述了另一件趣事，这件事显示出 SpaceX 团队所付出的巨大努力。为“猎鹰 1 号”火箭计算机系统提供动力的电路出了故障，工程师们决定更换它们。火箭被放倒，电路板被拆除后交给一位名为阿尔坦·布伦特的航空电子工程师，他于当天飞回加利福尼亚。在同一天（那是一个周日），SpaceX 的一名实习生被指派飞往明尼苏达从一家供应商那里取走新的零部件。周一上午，阿尔坦和那名实习生在 SpaceX 总部会合，组装电路，进行测试后，再将它们打包好。随后，阿尔坦飞回夸贾林环礁，他于早上 6 点降落，然后开始进行新部件的安装和火箭的重建。据马斯克的弟弟说，这项任务所耗费的总时间仅为 80 个小时。

然而，在他们最终完成了所有发射准备时，风速也上升到了发射火箭极端危险的临界点，如若此时发射火箭，将会极端危险。团队成员将燃料从火箭中抽出，这样他们才能安全地将火箭横置于地面。在这个过程中，电路连接不良使得阀门处于关闭状态，其中一个贮箱中形成了一块真空区域，而这导致贮箱发生变形。进度一拖再拖。此时已是 2006 年，Space 公司的 4 周年纪念日也近在眼前，但它仍然没能发射一枚火箭。

2006 年 3 月，SpaceX 在奥莫莱克岛的发射台上将一架修理好的“猎鹰 1 号”吊起到垂直状态。现在，是时候再次尝试首次发射了。在点火的那一刻，一切看起来都是如此的顺利，用火箭术语来说就是“运行正常”。发动机点燃，火箭飞升到环礁上空，其携带着一颗用作模拟有效载荷的由美国空军军官学院学员所设计的卫星。然而，经过 30 秒钟的飞行后，发动机熄火，火箭失去控制，火焰似乎在火箭底部乱窜。现在，火箭就只是一个惊讶地发现自己处在几千英尺高空的金属筒，它随后一头扎入附近的珊瑚礁中。学员们的卫星被撞击震得无影无踪，SpaceX 在奥莫莱克岛上建造的临时机械车间的屋顶被炸开了一个大口。“猎鹰 1 号”的首次飞行失败了。

直到几个月后，SpaceX 和 DARPA 联合进行了一次调查，才确定了火箭坠毁的原因。其中，由沃登领导的 DARPA，正是这次飞行任务表面上的客户。

“我去那儿看他们进行发射演习，而他们几天后就会进行正式发射，”沃登告诉我，回忆着当时他是如何带队调查的，“在我看来，那就是一群试图写出软件的孩子，而不是一群试图制造硬件的工程师。所以，我写了一封言辞相当严厉的报告，分别发送给了埃隆和DARPA的管理层。”这引发了他与马斯克之间的一次小争吵，马斯克嘲笑沃登是一个“天文学家”，不过他确实是。

“好吧，听着，我不是在批评他的项目，也不是在批评他的火箭技术，”沃登记得当时是这样对着满腔怒火的马斯克说的，“我是美国空军的一名作战人员。我只是认为成功团队是有一定的特点的，而他却并不具备那些特点。他具备的是那些失败团队所拥有的特点。这要追溯到海军上将海曼·里科弗曾说过的关于核潜艇的说法：魔鬼藏于细节中，救赎也是。”

泄漏的煤油滴落到发动机上，并流入发动机中，因此升空后发动机就着火了。这场意外引发的火灾造成了燃料的额外消耗，使得环境中的压力下降，整个火箭也因此停止了工作。调查人员发现，在发射准备期间中的某个时刻，或是“猎鹰1号”在无温湿控制的仓库中度过的3个月里，用来固定燃料泵的一颗铝制螺母受到了腐蚀。

马斯克对记者说，SpaceX将用不锈钢紧固件代替铝制紧固件，以免未来出现类似的问题。“讽刺的是，我们正在用一种更便宜的部件提高火箭的可靠性。”他哀叹道。SpaceX内部的许多人都将这次的失败归咎于其竞争对手洛克希德·马丁公司在范登堡发射的泰坦火箭的延误。

“首次发射的失败令人心碎，因为我们有五六十个人，也许更多，”汉斯·科尼斯曼后来回想起那些沮丧的工程师们在海滩上捡起一片片火箭残骸时说，“我在太平洋中部的发射场地里待了三四个月。可是到头来，火箭并没有飞得很远。我们从我们做错了的事情中学到了很多，而这种学习往往很痛苦。”

在科尼斯曼和“猎鹰 1 号”团队试图弄清楚他们的首次发射尝试到底出了什么问题时，马斯克和其他团队成员不得不将注意力投向别处。他们加入了 NASA 的“太空出租车计划”竞标过程，他们必须得让 NASA 相信他们从这次失败中所学到的一切，值得获得一次为空间站服务的机会。

NASA 建立一个新的私营企业轨道运输系统的呼吁得到了广泛的支持。21 个项目接踵而来，SpaceX 和 SpaceDev 这样的初创公司，和波音公司、洛克希德·马丁公司这样的“主要承包商”纷纷积极响应。虽然这个计划最终会选择哪家公司完全不可知，但是很显然，传统的航空航天公司还没有准备好开展一项新业务。

“更大的公司会要求更多的资金，其中还有一些公司要求我们提供全部资金，这并不符合我们的设想，”林登莫耶说，“我以为对于这一点，我们已经表述得相当清楚了，但似乎并非如此……我们也在考虑估价：如果我们帮助开发的系统如此昂贵，以致只有政府能够负担得起，那显然也不理想。可是，一些大公司在这方面的评估并不令人满意。”

最终入围的 6 家公司都是新成立的太空公司，NASA 的一个委员会负责从 3 个方面对每家公司进行评估：技术的可行性、未来是否有潜力成为可持续发展的企业，以及获得政府外融资的前景。NASA 的团队聘用了曾在几家科技公司工作，后来负责摩根大通风险投资团队的艾伦·马蒂，并向他寻求回答后两个问题的帮助。马蒂的工作就是帮助 NASA 的管理人员进入一种创业思维模式。他带来了数十本克莱顿·克里斯坦森的《创新者的窘境》这本讲述停滞不前的传统公司如何被打破常规思维的初创公司所冲击的硅谷标志性巨作，他会在每次参加 NASA 会议时分发这些书。在马蒂对财务评估方面和林登莫耶在技术方面的指导下，NASA 开始考虑它的选择。

由于种种原因，SpaceX 最初的表现引人注目。由于有马斯克个人资产的支持，SpaceX 在开发新火箭发动机“梅林发动机”和新运载火箭“猎鹰 1 号”方面，已经有了一个良好的开端，而且，“猎鹰 1 号”已然完成了一次试飞，尽管失败了。相比之下，其他公司还远远没有实现它那种水平的全面测试。SpaceX 还有一个吸引 NASA 以外市场的目标，即为企业、空军和学校发射卫星。马斯克还让他的公司思考载人航天器的开发：它已经有了一艘名为“龙飞船”的宇宙飞船的原理图。马斯克称，这艘航天器是以《帕夫，有魔法的小神龙》歌词中的那只怪兽命名的，其可以看作对那些讽刺 SpaceX 是做白日梦的人的反击。

不过，SpaceX 还没有找到适合“龙飞船”的商业模式，因为并没有很多人会争相花费 6 000 万美元送几个人上太空。迄今为止，太空旅行者所花费的最高金额也仅为 2 000 万美元：乘坐俄罗斯火箭参观空间站。虽然现在还没有为 SpaceX 提供制造载人航天器的种子资金，不过，NASA 承诺会打造一个商用太空运输市场，从而为 SpaceX 探索火星的终极目标提供资金。在“猎鹰 1 号”首次发射失败后，NASA 的经费可是 SpaceX 至关重要的一笔资助。这件事是如此重要，以至于除了在太平洋中为“猎鹰 1 号”第二次发射做准备的人之外，SpaceX 剩下的所有人都投入了参与 NASA 竞标的准备工作当中。

“龙飞船”将会是一艘能够在加压（保持地球大气压）且使用电力的条件下运送货物的太空舱，科学家们能够通过它将装满老鼠的科学设施，或是装满生物样本的冰箱送入空间站。它还配备有非加压的“贮箱”，用以运载更多的设备。与火箭分离后，“龙飞船”将通过操纵喷气式飞机靠近空间站。到达指定地点时，会有一个机械臂将其拉向空间站，这一过程被称为“靠泊”，一般来看，“靠泊”会比让飞行器自动对接安全一些。“龙飞船”是可回收的，这意味着你可以把装有老鼠的科学设施、装有一堆细胞的冰箱，或是其他东西接回地球。NASA

的科学家特别欣赏这一点。

然而，要想在太空中实现这些，你需要一枚在未装载任何货物前就重达 4 吨半的飞行器。这远远超出了“猎鹰 1 号”，甚至是有争议的“猎鹰 5 号”所能运载的重量。“猎鹰 5 号”源自后来成为太空酒店狂热者的拉斯韦加斯地产大亨罗伯特·毕格罗的一个请求。他想要发射一些他正在测试的类似迷你空间站的充气设备。但是，SpaceX 销售团队担心“猎鹰 5 号”的飞行距离太短，会逐渐被市场所淘汰，而取代它的会是波音公司和洛克希德公司为美国政府开发的 EELV 火箭。“你不会想制造一枚即将被淘汰的火箭的。”肖特维尔告诉我。2005 年时，SpaceX 已经开始设计一种使用 9 台 SpaceX 自研发动机来为助推器提供动力的火箭——“猎鹰 9 号”。这种强大的火箭将是“龙飞船”进入太空的坐骑，并且在 SpaceX 的营销中占据重要位置。

NASA 的另一个重要最终入围者，是基斯特勒火箭飞机公司（Rocketplane Kistler）。这家公司最初是在 1993 年由一位古怪的瑞士裔美国工程师创立的，他通过发明电子传感器积累了自己的财富，他所发明的传感器被用于 NASA 早期的许多太空项目中。沃尔特·基斯特勒是当时另一位对火箭雄心勃勃的亿万富翁，他渴望实现自己关于可重复使用火箭的梦想，并开启一个新的太空经济领域。他创立这家公司是为了利用 20 世纪 90 年代有关卫星繁荣的共同愿景，将 NASA 的前工程师聚拢到他的公司。然而，直到世纪之交卫星繁荣幻景消散，他公司的 K-1 太空运载火箭仍未落地。

基斯特勒公司参与过之前 NASA 对私营太空企业的试验，但 2003 年时面临破产危机。不过，基斯特勒公司还是挺了过来，不良债务投资者们将它从破产的泥沼中拖了出来，NASA 也采取了行动，授予该公司一份价值 2.27 亿美元的飞行测试数据合同。“好政府”的拥护者们质疑该公司的总工程师是著名的“航天飞机之父”这一事实为该公司获得政府合同打开了便利之门，SpaceX 对这一合同发起了正式挑战。马斯克的公司认为，如果政府想要为太空飞行测试数据买单，NASA 就应该允许其他公司，当然也包括 SpaceX 公司，与基斯特勒公司进行竞争。不过，最终 NASA 官员选择了取消与基斯特勒公司的合同，而不是接受那个他们很可能会输的挑战。

基斯特勒公司的新东家并没有耐心进行太空投资，但是他们看到了 NASA 自 2005 年开始推行的商业合同中的赢利机会。2006 年，乔治 · 弗伦奇，“火箭飞机”公司的老板，参加了 NASA 举办的一场向有意参与投标的公司宣传新太空出租车项目的行业日活动。活动结束后，他走进了假日酒店的酒吧，在那里，他的一位投资银行家朋友请他喝了一杯。“你应该买下基斯特勒公司，”这位朋友说道，“你就是那个在合适的时间，合适的地点，买下基斯特勒公司的合适人选。”于是，弗伦奇成立了一家名为基斯特勒火箭飞机的新公司，并加入了商业太空竞赛。

“我一直没想明白，为什么那些行业内的大公司没有买下基斯特勒公司，拿下这份合同，”弗伦奇后来说，“我做了好几次风险评估，‘我是不是漏掉了什么’的想法一直伴随着我，因为‘如果这次收购真这么好，为什么真正了解这个行业的人没有这么做呢’？”答案相当简单：成本，以及人们对运载火箭市场普遍丧失了信心。基斯特勒公司的技术和天赋，仍然给 NASA 的专家们留下了深刻的印象。但是，他们认为其财务计划可疑，因为该公司已经烧掉了 6 亿多美元，并且始终缺乏现金流。由于筹集资金是其生存发展所面临的最大威胁，因此该公司提案中所包含的许多里程碑事件，都涉及筹集更多资金，而非交付硬件。对于 NASA 来说，这些评估是一项重大的挑战。因为这意味着 NASA 需要在了解技术的基础上，加入对新变量的评估，如防止破产的能力。不过，最终结果要么是公司具备防止破产的能力，要么是 NASA 会提供保证利润的成本加成合同。

2006 年 8 月，最后 6 名竞标者各派两名代表前往位于华盛顿的 NASA 总部，进行激动人心的决赛。评估小组的会议室外，与会的竞争者们并不确定 NASA 将如何构建这个新项目，究竟是一家公司，两家公司，还是多家公司能够获得这份合同？ NASA 是卖拥有最多 NASA 老员工的公司一个面子，还是去选择一家创新的公司呢？

几天后，也就是在 SpaceX 提交标书的 5 个月后，马斯克在公司餐厅召开了一次全体员工大会。当员工们鱼贯而入时，他看起来脸色严峻，许多人都猜测大概是传来了关于这份合同的坏消息，或是“猎鹰 1 号”飞行测试再次受挫的消息。房间内大概有 80 个人，他们屏息等待面色沉郁的马斯克开始讲话。最终，他没能绷住，泄露了秘密：SpaceX 将与 NASA 签订一份价值 2.78 亿美元的协议。人群欣喜若狂，因心中的大石落下而感到解脱。

这是一场巨大的胜利，这份合同比 SpaceX 此前所签订的任何合同都要大得多，而且还意味着其通过了 NASA 在太空设施方面的认证。或许在 SpaceX 的企业文化的浸染下，公司员工们已经摆脱了 NASA 的束缚，但许多人还是穿着带有 NASA 标志性的“肉丸”图形的 T 恤上班。现在，他们可以同时拥有这两个世界了。

正是这个类似对立的组合——太空技术的广博与马斯克的雷厉风行，动摇了政府。NASA 对 SpaceX 的完整计划印象深刻，那些马斯克所雇用的人更是使 NASA 信心满满。整个团队极富天赋，“不是初创公司常见的行业新星，而是一群在行业内深耕多年的人才，”林登莫耶告诉我，“埃隆不是这个团队中的弄潮儿，剩下的团队成员才是。”米勒、科尼斯曼和汤普森等人，都是航空航天世界中众所周知的人物。

到目前为止，核心团队已经有所扩大。在 2005 年时，马斯克曾写道，他的公司正在经历一次转型，“从一家只从事研发的公司，转型成为一家集研发、制造和发射运营为一体的公司”。马斯克将继续招聘来自波音公司的制造经验丰富的工程师，他还雇用了前美国空军EELV项目的管理者约翰·因斯普鲁克，他甚至聘请曾经的竞争对手詹姆斯·马瑟担任SpaceX的总裁兼首席运营官。这样的招聘使SpaceX的轻率承诺拥有了相当高的可信度，即使“猎鹰1号”仍是太平洋上飘着的一块块碎片。

马瑟，战略防御计划中的另一位资深人员，在加入马斯克的团队前，曾在波音公司和海上发射公司工作了20年。“我开始思考，下一步我到底想做什么，加入SpaceX就是离我创办自己的火箭公司最近的一步。”他说。在参观埃尔塞贡多工厂过程中看到车间地板上成千上万硬件成品和半成品时，他便决定加入。“与其在理论上花大量的时间，不如进行大量的测试。这让我仿佛回到了年轻时参与星球大战计划的日子。”

考虑到马斯克对于SpaceX太空业务的影响力，NASA坚持要求SpaceX给这位“关键人物”购买意外保险。“如果他走了，那一切就都结束了，SpaceX也就不复存在了。”林登莫耶说。

NASA还是将一份价值2.07亿美元的太空出租车合同，授予了基斯特勒火箭飞机公司。新的管理团队欢呼雀跃，但是，这笔交易成功与否，仍取决于他们能否在公开市场上再筹集5亿资金，不过它的支持者们认为这是相对容易做到的事。

该公司的首席执行官是前NASA工程师兰迪·布林克利，他在辞去波音卫星部门负责人的职务后加入了基斯特勒火箭飞机公司。在技术层面上，这家公司进展迅速，其向NASA展示了达到要求的能力。

然而，事实证明，华尔街并不是那么宽容。公开市场上的投资者们想要更多的保证，即保证一旦公司开发出可发射的运载火箭后，它将能获得NASA的服务合同。可是，NASA不会，也不可能，提前许下这样的承诺。NASA想要避免的，就是坚定地承诺购买某样东西的传统规则。这有点像是一个诡计：NASA确实打算，在这些公司开发出“太空出租车”后，便通过一种更传统的合同购买它们的服务。但是，这本质上是一份与 NASA 高层的口头协议，而非正式合同。

“讨论内容包括：我们如何保证得到一份后续的服务合同，我们如何确信 NASA 不会取消它这份合同，我们何时才能收回我们的资金。”布林克利回忆道。

到了 2007 年夏天，基斯特勒火箭飞机公司与其投资者，已经设法获得了安大略省教师养老金委员会 2 亿美元的投资意向书。（这并不像听起来那么疯狂，因为这家基金还持有加拿大航空航天巨头麦克唐纳·德特威勒公司大量的股份。）但是，剩下的 3 亿美元的筹集过程异常艰难。布林克利说，当空间站计划公开其由两家竞争者瓜分 3 次发射任务的合同后，新闻“基本上揭露了一切”：大笔投资只能获得极少的业务。具有讽刺意味的是，最终的合同包含 22 次发射任务，他坚持认为，如果在筹集资金时就这样宣传的话，整个计划是可以成功的。

“他们过来说，‘如果你当时给了我们一份合同，我们本可以圆满完成任务的，’但我们不能这么做，”林登莫耶回忆道，“我们非常真诚、坚定，我曾跟许多投资者沟通过‘NASA 已经准备购买后续服务了，他们只需开发出产品并加以展示’。”

来自 NASA 的澄清也于事无补了：那年夏天，华尔街的另一重大事件是回报率极高的次级贷款市场突然出现了一道道巨大的裂痕。市场风向的转变，预示了来年全球金融危机的到来，投资者们纷纷采取保守措施。对制造火箭这种高风险项目的兴趣如昙花一现，转瞬便消失了。“我们在周二与多达 7 家的对冲基金进行洽谈，而到了周四却已无人可谈，”乔治·弗伦奇说，“两周内，我们失去了筹集 3 亿美元的机会，而在那之后，NASA 便取消了我们的资格，因为我们无法实现我们的财务目标。”

NASA 取消与基斯特勒火箭飞机公司合作的决定，遭到了该公司的强烈质疑，它认为自己是大环境的受害者。公司的技术没有什么问题，它只是需要多一点时间或是资金。这可能是真的。在获得合同后仅仅一年便被取消合作伙伴关系，显示出 NASA 的尽职调查并不合格，以及私营航天公司乏善可陈：破产的企业数量比发射的火箭数量多得多。但是，NASA 的预算范围被限制在了 5 亿美元之内。所有这些不利因素都在冲击人们对这项事业的信心，然而 NASA 这么做的目的是突出该项目的商业本质要求：参与竞标的公司必须能够财务自立。NASA 避免了在 EELV 项目中犯的最大错误：被失败绑架。

在合作资格被取消后，基斯特勒火箭飞机公司对这一决定正式提出异议。（布林克利辞去了首席执行官一职，这样他就不用与他曾效忠半生的 NASA 对簿公堂。）这一次，NASA 式的决策方法生效了：NASA 的律师们此前精心将这个项目设计成一种合作伙伴关系，而非一份购买合同，从而使 NASA 免于面临法律挑战。基斯特勒火箭飞机公司破产了。

2008 年，NASA 为 COTS 项目开展了第二轮招标，以找到这家失败公司的继任者。尽管 SpaceX 曾厚颜提议将剩下的资金拨给它，以加速其载人航天事业的进度，林登莫耶的团队最终还是选择了轨道科学公司。尽管不是主要承包商，这家公司却有着悠久的历史。一位竞争的主管跟我开玩笑说，轨道科学公司“曾经是新太空的一个亮点，而现在它已经变成了旧太空”。该公司成立于前“挑战者号”时代的太空商业繁荣时期，其主营业务是通过航天飞机发射卫星，由于成功地占领了市场，其在行业崩溃中存活了下来。它设计并生产了一款名为“飞马座号”的运载火箭，并在开发弹道导弹和卫星生产线的同时，利用退役的 B-52 轰炸机发射小型卫星。

轨道科学公司针对太空出租车项目的提案中，包含制造一款使用俄罗斯制造的火箭发动机的自有火箭——“天蝎座号”火箭。它还将建造一艘名为“天鹅座号”的宇宙飞船。轨道科学公司的高管们称，他们将在商用卫星市场和为 NASA 发射新火箭的过程中，检查对于一份商业计划来说最重要的东西。不过，最重要的是，他们称手头上有足够的现金流来支撑这个项目。“就好像是一个沉重的担子被卸下，松了一口气一样，”轨道科学公司的首席技术官安东尼奥·艾里亚斯后来描述当他谈及其公司愿意为该项目提供资金时房间里其他人的反应时说道，“突然之间，大家头顶上密布的乌云便散去了。”

太空出租车项目团队对他们的选择充满了信心，因为他们的专长是技术评估，而不是商业计划评估。但是，如果说是他们在高风险融资方面的缺乏经验，使得 NASA 私营太空领域的助推器基斯特勒火箭飞机公司后院起火的话，那么他们在轨道科学公司上则可能犯了相反的错误：让一份强有力的商业计划掩盖了火箭设计上的缺陷，而这些缺陷将会以灾难性的方式暴露出来。

第 9 章　在飞行中测试

SpaceX 的创立基石，就是“测试，测试，测试，再测试”。我们是在飞行过程中进行测试的。我们每天会说，“在飞行中测试”吧。

——戴维·吉格，SpaceX 工程师

2004 年，托马斯·斯维切克在西雅图与杰夫·贝索斯共进最后一顿早餐。那是他向这位身家亿万的企业家恳求改变方针的最后机会。

斯维切克，曾是捷克斯洛伐克的一名太空工程师，于 20 世纪 80 年代徒步穿越奥地利边境，逃离铁幕。他在加州理工学院获得博士学位后，在喷气推进实验室从事“旅行者号”和“伽利略号”这样的行星探测器的研究。政府对太空的缓慢探索，促使他开始尝试商业市场的工作。他最先尝试的是小型卫星方面的工作。随后，他成了吸引到风险投资的早期太空初创公司 BlastOff 公司的技术联合创始人和首席技术官。2002 年该公司失败后，他和其他许多人一样，成为埃隆·马斯克和杰夫·贝索斯在发展他们的太空公司过程中的太空顾问。

斯维切克自诩为太空事业革命性力量的嘲讽者。“我最开始是为埃隆工作，之后，我又为杰夫工作，我让他们两人都认为这事永远不会有结果。”他告诉我。这在很大程度上是因为，他坚信那种“如果我们达成某事，一切都会顺利”的说法完全是无稽之谈……“因为即使它能使得业务表现提升 20%，也无法让一项愚蠢的业务成为一项伟大的业务”。这其中的“它”是指用更低的成本进入轨道。他认为，有钱且有太空探索倾向的人的理想角色，应该是找到太空中有生产效率的活动，并为其提供资金。

从某种程度上说，这是蓝色起源公司起步时的情况。当 SpaceX 在其存在的头 10 年时间里建造火箭、炸毁它们，然后再找一个可以承担所有费用的商业计划时，蓝色起源公司一直保持着低调。除了 2003 年布拉德 · 斯通关于该公司的独家新闻外，多年来，几乎没有关于其的消息传出，而这正是杰夫 · 贝索斯想要的。

斯维切克说：“蓝色起源公司已经疯狂了好几年了。”他将这家公司描述成一个没有管理者的与智囊团类似的组织。这些思考者研究的是在轨道或月球上建造可容纳数百万人的殖民地的可行性，以及如何利用激光驱动航天器穿越真空。贝索斯“花了 3 年时间考察这些想法，然后他意识到根本行不通”。大多数初创企业都是由一个伟大的想法所驱动的，而蓝色起源公司关于太空殖民和太空产业的看法，并没有什么新鲜之处。不过，那是关于几十年后的世界的一个愿景，其问题在于：现在该做些什么？从那时起，他和马斯克一样，开始专注于进入太空的成本这一具体问题上。而且，和 SpaceX 一样，他意识到，制造这样一艘运载火箭唯一有效的方法是，完全由企业内部自行完成，而不依赖外部供应商：使用自己的引擎、航空电子设备、自己设定的射程和自己生产的贮箱。

“我试图说服他成为一个消费者：专注于开发应用，发展太空殖民事业和太空栖息地，让其他人自相残杀，争相为他制造运载火箭。”斯维切克说。他邀请火箭行业的专家们参加贝索斯的非正式太空研讨会，就火箭业务的发展现状发表演讲：火箭开发的资本密集与时间密集的性质、EELV 项目是如何失败的、需求为何总是模糊不清、私营公司将如何与国家资助的巨头们在全球赛场中竞争。贝索斯并未被困难吓倒。

“贝索斯的商业原则如下：找到你在某个领域中能找到的顶尖专家，然后无视他们的建议。如果你是个亿万富翁，而你无法改变所有人的想法，那么这就是最佳选择。”斯维切克说。

但是，马斯克和贝索斯二人所强调的由企业内部自行生产的概念，并不仅仅出于自负。这是对以前种种失败的承认：其他领域的企业家们，尤其是卫星星座背后的电信企业家，由于财力不够雄厚，而选择了政府承包商，并惨遭失败。洛克希德公司前高管马克·阿尔布雷希特说：“如果你问埃隆和贝索斯，‘你们为什么如此痴迷于垂直统一管理？你们为什么要自己制造火箭上的每一个螺母和螺栓？’他们的回答会是：‘这是我们在 20 世纪 90 年代学到的经验，那些找国防部的承包商合作的人都失败了。’”

尽管如此，在 2004 年的那个早晨，斯维切克还是竭尽全力地游说这位亿万富翁不要投资火箭开发。斯维切克告诉贝索斯：“我做了非常精细的计划表，如果你想自己设定射程，生产航空电子设备和所有的产品，你要花大约 10 年时间才能将火箭送上轨道。”贝索斯把计划表推到一边。“这太荒谬了，”贝索斯告诉他，“我绝不允许这种情况发生。”

“那是13年前的事了，我们现在有没有到达轨道？”斯维切克说道，“不过，他能够承受这个现实。若是其他人，可能早已经关闭公司了。”

斯维切克与蓝色起源公司分道扬镳，继续研发小型卫星，并与行星协会的吉姆·坎特雷尔等人一起，开发一款太阳帆宇宙飞船。与此同时，根据自己的愿景，充分利用自身财力，贝索斯组建了一支队伍。2003 年，罗布·梅尔森加入了蓝色起源公司，他曾任 NASA 的工程师，后来又成为基斯特勒公司的工程师，当时是商业火箭公司的领军人物之一。这个自负的智囊团，即将变成一家真正的航空航天公司。

引领这一转变的另一位人物是詹姆斯·弗伦奇：一位太空工程师，在投身商业发射领域前，几乎参与了阿波罗计划中所有的火箭发动机的研发。他在DC-X项目中发挥了重要作用，而这给他在贝索斯非正式太空研讨会中所做的贡献提供了灵感。

在弗伦奇的影响下，贝索斯和新成立的蓝色起源团队的其他成员对垂直起降的飞行器非常痴迷，就像斯维切克所说的那样，“非常情绪化，非常激昂”。20世纪90年代，垂直起降飞行器是一种将卫星送入轨道的选择，曾作为一种用于战略防御计划的快速卫星发射装置的原型，由麦道公司的一个工程师小队，在新墨西哥沙漠中进行试飞。这个有前途的设计曾被提交给NASA。“我们将它提交给了NASA，而这一举动被证明是个错误，”当时负责战略防御计划的皮特·沃登告诉我，“NASA总是青睐新技术，而下一步就是做一些更华而不实的事情。”NASA将运载火箭重新命名为DC-XA，其中增加的“A”意为“先进”（Advance）。但是，一年后NASA便放弃使用，转而选择了一个更昂贵的替代方案：这个装置使用的是加维首次飞行时用的那种塞式发动机，以及超低温燃料。“那款见鬼的发动机必须使用浆氢，”沃登说，“这实在太荒谬了。”那个项目最终也被取消了。不出所料，那是一次失败，这让弗伦奇相信，他的方法才是提升航天器安全性、可靠性的正确途径。DC-X原型机在一次测试中升空时发生了爆炸，这枚金字塔型的运载火箭的一侧炸出了一个洞。然而，爆炸的威力并未使火箭失去控制。火箭安全着陆，尽管火箭箭体上多了个“可以供一个人通过的大洞”。“那差不多就是我看好垂直起降的原因了，”弗伦奇说，“如果那是一架空气动力飞行器的话，我们就倒大霉了。”以航天飞机为代表的水平起降方式是一种安全隐患。

DC-X运载火箭最初被设计成单级入轨形式，但事实证明，这是计划中最不切实际的部分。考虑到蓝色起源公司的目标，弗伦奇将设计简化到最基础的版本：采用能够发射高性能第二级火箭的可重复使用助推器。“这看起来相当合理，”弗伦奇告诉我，“不切实际的地方在于他们想买的发动机实在太贵了。蓝色起源公司也是从购买其他公司发动机起步的，但是最终却走上了自主研发发动机的道路，从长期来看，我认为这是件好事。”

这种抵御灾难的能力与贝索斯的信念相吻合，至少在最初是吻合的：贝索斯认为将人送到太空比运送货物更重要。根据弗伦奇的构想制造出的“新谢泼德号”火箭，比他最初设想的还要精简：它是一枚亚轨道火箭，这意味着它不需要像“猎鹰1号”那样拥有强劲的动力，而与此同时又更容易制造出来。它能够将6个人送入太空，让他们享受3分钟的美景，感受在失重状态下的四处游荡——这是对X大奖目标的更高层次的实现。随后，助推器便会返回地球，像DC-X火箭一样，其会利用自带的推进器垂直着陆。太空舱将通过降落伞飘回地球，并利用微型推进器缓冲着陆。经过清理，重复使用。任何在20世纪90年代亲眼见证过DC-X火箭在沙漠上空几英里处来回起降的人，都会相信这一愿景。

火箭的商业计划是由另一个类似于早期航空业的类比所驱动的，只不过，这一次类比的对象成了巡回演说家。在两次世界大战间隙，飞行员们会驾驶他们木质结构的破旧飞机，从一个镇飞到另一个镇，向那些想要乘坐这种新奇机器的人收取费用。当时，这种刚刚兴起的似乎与安全、自然、宜人等因素相违背的运载工具迎得了人们的追捧。而在人们相信太空具有经济变革的可能之前，类似的氛围也是必需的。

“这就是太空旅游会大热的原因，”曾与马斯克和贝索斯合作过的太空工程师乔尔·赛瑟尔告诉我，“娱乐性飞行是航空产业的热门项目。这个项目让疯狂的人们坐上飞机，这在当时是一件很奇怪的事情，但是，却让飞机大众化了。现在我们已经有了一个每年让数万人进行太空旅行的市场。这将推动太空产业的大众化，使其看起来不再那么标新立异，然后，当人们说，‘嘿，我们应该建造一座能够吞掉小行星，并把它们变成汽车的机器人工厂’时，人们便不会报以嗤笑。”

贝索斯太空殖民的第一步，就是要先让人们停止嗤笑。这并非易事，尤其是在当时人们只会将太空旅行与花 2 000 万美元前往俄罗斯乘坐其制造的火箭前往国际空间站联系在一起的背景下。而且，他们还不得不与理查德 · 布兰森的维珍银河的猛烈营销攻势对抗，以争夺人们的注意力。起初，维珍银河的营销提升了自身的可信度。然而，随着时间的流逝，维珍银河的客户竟无一人真正进入过太空。因此，关于廉价太空旅行的想法，又再一次回归到飞行汽车和融合动力的范畴。这可能是蓝色起源公司始终保持沉默的原因之一。

随着时间的推移，“新谢泼德号”火箭将在贝索斯于 2005 年购买的得克萨斯州范霍恩试验基地最终成型。那一年，蓝色起源制造出一款将 4 个喷气发动机垂直绑在一个框架上的名为“卡戎”的测试飞行器，并用其测试了垂直起降技术。2006 年，贝索斯的团队发射了一枚名为“戈达德”的小型火箭，那是一种微型的 DC-X 火箭，其在空中飞了 250 多英尺后，利用自身动力，平稳地降落到地面。这一场初步试验，很符合贝索斯为公司选取的座右铭：“脚踏实地，保持勇气。”第一阶段顺利完成，第二阶段还有待验证。当蓝色起源公司的工程师们开始用合适的火箭发动机进行首次试验时，他们学到了与 SpaceX 同样的一些经验教训。蓝色起源公司的首席执行官史密斯告诉我，他在公司发现的最令人印象深刻的实践是“用大量硬件进行测试”，也就是说，在手头备上许多组件，如此一来，工程师们便可以在机械系统中运用软件公司使用的那种“快速迭代方法”。

接下来的一步，是在华盛顿州肯特市建立一个大型的总部，该总部的选址是亚马逊巨型订单履行中心的街对面。蓝色起源公司的工厂，将火箭科学、制造设备和贝索斯的太空收藏品博物馆等要素结合在了一起。工厂中有一件真正的宇航员太空服、《星际迷航大事记》（贝索斯在2016年星际迷航的电影中扮演了一个外星人)，甚至还有一艘儒勒·凡尔纳风格的宇宙飞船，它位于两层楼之间，兼作会议室。装饰细致至极，从历史书到工作用的潜望镜，这艘蒸汽朋克宇宙飞船呈现的样子是对一个真正痴迷于星际旅行的人的致敬。然而，所有的闪光点都无法掩饰，蓝色起源的火箭制造仍处于落后状态的事实。2006年，是SpaceX公司开始在夸贾林环礁上全面测试"猎鹰1号"的第一年。很快，这家工厂将会成为充满高端制造工具和测试设备的世界级工厂。

当时，贝索斯正在考虑每年投资2 500万美元到蓝色起源公司的开发项目上，而这一数字在太空领域简直不值一提。这一点有助于解释，为什么蓝色起源公司的发展速度比SpaceX慢。与之相反，多亏了马斯克，SpaceX在2004年获得了6 000万美元的资金。尽管比马斯克更加富有，贝索斯在涉及财务安全问题时却保守得多。当SpaceX的创始人将他自己的钱投到新公司中，并利用公司股票换取现金流时，据我的一位朋友透露，贝索斯"并未投入太多他自己的资金，因为他当时的身家'只'有70亿美元，投入几百万美元是件'大'事"。

2007年年初，SpaceX重返奥莫莱克，为"猎鹰1号"第二次发射做准备。3月20日，一切看起来都很顺利，然而，在点火前不到一秒时，控制火箭的电脑终止了发射。原因是，液态氧被装入火箭时温度过低，从而使得关键引擎压力过低。工程师们并未被吓倒，他们从火箭中回收了部分燃料，然后再输回去，将其加热。一小时后，倒计时重新恢复，而这一次，令在场所有人高兴的是，火箭飞入空中，消失在人们的视野中，成功进入了太空。

然而，喜悦戛然而止。多种异常现象出现，沃登所忧虑的操作问题被证明确实存在。错误的飞行软件被加载到第一级火箭的发动机中，而这导致火箭的飞行速度比预计的要慢，且飞行高度也比计划中低。火箭以每小时10 000多英里的速度飞行，在比预期高度低的高度进行分离后，火箭没能到达其本应进入的大气层的深度。SpaceX 的一项分析指出是大气层的冲击导致两级火箭开始摇摆，因而使得第二级火箭的发动机在分离时撞上了第一级火箭的顶部。尽管如此，第二级火箭的发动机仍然正常运行，并继续将一颗演示卫星送入了轨道。然而，震荡程度持续加剧，导致贮箱内部的推进剂不断旋转，就像水桶中的水在你头顶上晃动一样。燃料因此被困于贮箱壁上，停止流向发动机，这导致发动机中的燃料燃烧殆尽。结果是，火箭未能达到全轨道速度，如果这不是一次测试任务的话，它会被认定失败了。

“第二次测试比起第一次要好很多了，”科尼斯曼随后说，“运载火箭实际上飞了很远，即使它没能进入轨道，但至少飞出了我们的视野之外。火箭是爆炸后掉回发射场，还是升空后在某处消失，其意义是不一样的。虽然看起来结果都是相同的，但对你个人来说，感觉是不同的。”

SpaceX 的报告指出，“猎鹰 1 号”在发射过程中展示了许多优点，包括在首次尝试失败后，迅速重新升空。它所展示的异常不是基础的设计缺陷，而是可解决的问题，而且是在数次草率试验的情况下产生的。尽管 SpaceX 内部对测试期间他们所证明和学到的东西感到满意，但外部观察家们仅将其视为业余爱好者的又一次失败。现在，这些业余爱好者们也同样该为航天飞机制造一个潜在替代品了，这给他们的工作增加了额外的压力。现在比马斯克最初预测的发射日期 2003 年已然晚了 4 年，而且还在继续延迟。此外，这还不仅仅是一个公共关系问题：Spacex 的财务状况也无法支撑了。

“我没有做我想做的工程师，而是不断说服客户投资 SpaceX，并承担购买我们的发射服务的相关风险，”肖特维尔在公司致力于让其运载火箭离开地面时说，“我专注于让公司继续活下去，以及让员工们在我们苦苦挣扎时还能领到工资。”

2005 年，马斯克又向公司投入了 1 100 万美元的资金。然而，在太平洋上的运营成本快速地消耗着这笔资金。他还开始资助“猎鹰 9 号”的开发：在简单的火箭还无法使用的情况下，要求他的团队建造一个更复杂的火箭。SpaceX 已经创造了一些收入：购买火箭的客户签订发射合同后交了定金，剩余部分将会在货物被运送到轨道后支付。截至当时，SpaceX 所获得的收入不到 5 000 万美元，而且在 2006 年时几乎全部花完了。

因此，NASA 在开发太空出租车项目上的投资来得相当合时宜。当 2007 年 SpaceX 第二枚“猎鹰 1 号”火箭在发射中途坠毁时，公司已经从政府那筹集到了 8 000 万美元的资金。马斯克还投入了自己的 3 000 万美元资金，那是他最初为 SpaceX 拨的 1 亿美元投资中的最后一笔资金。这笔钱成了公司在缺乏可赢利产品时的关键资金。

SpaceX 差一点就步了前辈们的后尘，即在开发出可靠的火箭之前耗尽资金。尽管一向关注成本，但在奥莫莱克岛上的测试失败和额外费用，提高了公司的资金消耗率。在建造新的“猎鹰 1 号”的过程中，NASA 的资金帮助 SpaceX 维持了公司的正常运营，这使得他们能够有机会向外界展示一个可行的产品。

“如果没有 NASA 的资助，SpaceX 都不知道能否幸存下来。” SpaceX 总裁马瑟在公司赢得 NASA 第一份主要合同时说。他在马斯克手下仅仅干了 9 个月，随后就被猎头盯上，成了为阿波罗计划和航天飞机制造发动机的洛克迪恩公司的首席执行官。不过，在 SpaceX 的工作期间，他看到了让 SpaceX 与众不同的特质。除了 NASA 的资助和支持外，还有积极性极高的团队和他们拥抱风险的态度，以及最后的一点，那就是马斯克本人。这位亿万富翁给公司投入了巨额个人资金，并充满耐心。马瑟告诉我，这完全取决于你愿意冒多大的风险。大多数自筹资金的火箭制造者们需要在 3~5 年后开始赢利。然而，马斯克却在没有火箭成品的情况下，进入了火箭研发的第六年。

这种长期承担风险的意愿在航空航天产业中并不常见，但这就是马斯克在 SpaceX 所采取的风险投资方式背后的理念。然而，到了 2008 年，尽管与 NASA 签订了合同，SpaceX 仍然需要再次注入大笔资金，才能将火箭送上太空。没钱，就别想着上太空。与向华尔街求助的基斯特勒火箭飞机公司不同，马斯克可以求助于那些对风险有更高承受度的友好投资者。他找到了他在贝宝的前合伙人彼得 · 蒂尔。此时，蒂尔将自己新增的财富投到了新的投资项目中，包括美国房地产市场。蒂尔还与贝宝创业初期的其他几位资深员工一起，创办了一家支持初创企业的名为"创始人基金"（Founders Fund）的基金公司。该公司由高水平的企业家进行运营，为高水平企业家提供资金支持，其灵感来源于蒂尔对时兴的社交网络脸书（Facebook）的个人投资。

现在，马斯克去找他之前的合伙人了。听说他们想投资革命性的技术？好啊，他会向他们展示一场革命。如果说有人能够理解改变一个市场（进入太空）的潜在收益的话，那么非这些人莫属。他们已然通过将政府技术商业化而变得非常富有。当然，挑战在于，火箭业务的下一阶段投资是需要大量资金的。蒂尔对 Facebook 的第一笔投资仅为 50 万美元，而马斯克现在要求创始人基金公司向 SpaceX 投资 2 000 万美元。

无论是什么个人恩怨导致当初贝宝团队将马斯克扫地出门，团队对其作为企业家的能力仍抱有信心。创始人基金公司曾有一句著名的抱怨：我们想要的是会飞的汽车，结果得到的却是 140 个字符。这是对推特赤裸裸的挖苦，而且他们认为其他硅谷投资者野心不足。如果有机会投资一艘太空飞船，他们当然会同意，他们于 2008 年年初便敲定了这笔投资。在 NASA 和硅谷的支持下，马斯克避免了陷入其竞争对手那样的命运。

在投资后，创始人基金公司合伙人卢克 · 诺塞克进入了 SpaceX 的董事会。他告诉我，SpaceX 的资金只够再测试 3 次"猎鹰 1 号"的发射了。如果 SpaceX 无法成功发射小型火箭，它将耗尽剩余所有的资金，以及客户们的信心。马斯克称这项新投资是“万一‘猎鹰 1 号’的第三次发射仍失败的预防措施”。随后的任何一次失败，不仅将意味着这家火箭公司的终结，也将意味着该公司当时最大的投资者创始人基金公司的终结。它还将意味着马斯克的财务灾难，他对电动汽车公司特斯拉和电力供应商太阳城，以及奢华的生活方式的投入，几乎耗尽了他在贝宝获得的所有收入。他还曾考虑过宣布破产，他后来称，2008 年是他一生中最糟糕的一年。

“我知道，那会彻底摧毁他的，”诺塞克说，“我也知道，在这性命攸关的时刻，我们不得不问一个艰难的问题：我们到底愿意付出多大的代价？”

2008 年 8 月，“猎鹰 1 号”的第三次发射活动开始时，诺塞克去了内华达山脉野营，以避免承受在 5 000 英里外的太平洋上观看发射的压力。当他重启手机时，手机充满了来自各方的慰问短信。这枚最新的携带了 3 颗卫星和詹姆斯 · 杜汉（在《星际迷航》系列中饰演斯科特的演员）骨灰的测试火箭，在飞行途中坠毁。(杜汉的另一部分骨灰，将在之后 SpaceX 公司的火箭发射中，被送往太空。)

这次失败意味着，SpaceX 只剩两次能够真正将东西送入轨道的机会了。开发更大的火箭，为 NASA 将宇航员送入国际空间站，在火星上定居的梦想，看起来将成为富人的白日梦。

“毫无疑问，SpaceX 公司在到达轨道和进行可靠的太空运输方面具有优势，”在第三枚火箭坠毁后，马斯克在公司博客上写道，“就我个人而言，我永远不会放弃，永远不会。”

SpaceX“猎鹰 1 号”第三次发射尝试的失败，是因为它的理念。

执行这项任务时，SpaceX 推出了令其自豪的一款新式梅林发动机。在“猎鹰 1 号”中使用梅林发动机有助于在 NASA 和其他人面前，为计划于第二年进行的“猎鹰9号”的首次发射建立信心。在同一款发动机的基础上制造火箭的方式，为SpaceX节省了数十亿美元的开发成本。然而，为了提供更多动力，发动机需要在更高的温度下运行，而如果人们想要重复使用该发动机，它就需要在经历高温后毫发无损。

他们解决此问题的方法，并不新颖。许多运载火箭都会使用散热器冷却发动机，但在太空中计划还需要更极端一些。他们的计划是，在推力室和火箭喷口的内壁上建立一些细小的通道，然后通过管道输送冷却的煤油。也许用易燃液体来冷却温度高达华氏6 000度①的金属，听起来有点疯狂，不过，这就是物理学令人惊讶的力量。这种燃料在被冷却到远低于冰点的温度后，能够吸收运行中的发动机散发出的热量。

新一代的发动机在静止试验支架上和首次发射中表现良好，并未发生故障。可是，最终的失败就来自那些经常伴随新设备而产生的怪事之一。

精心策划的飞行计划一如既往地要求，火箭到达太空边缘时便关闭主发动机。然后，连接两级火箭的闩锁解锁，气动推进器将火箭分开，第二级火箭启动发动机，继续愉快的旅程。但是工程师们没有将新冷却系统的影响考虑在内。发动机的管道中残留了一些多余的燃料和氧气，这些物质在发动机关闭后产生了意想不到的推力。这份推力，足以使得第一级火箭猛地撞向第二级火箭，从而使两级火箭同时偏离航向。据马斯克所说，推进小组在一个典型的航天工程事故中忽视了这个问题：管道中残留的燃料和氧气所产生的推力如此轻微，甚至低于他们在得克萨斯州的试验场周围空气中的压力。然而，在真空环境中，这个微小的推力却影响颇大。作为一个乐观主义者，马斯克在推特中向他的粉丝们指出了增量式理念（在飞行过程中测试）的一个关键好处：我们是在“猎

① 6 000华氏度≈3 315.56摄氏度。——编者注

鹰 1 号”，而不是“猎鹰 9 号”上，发现了这个暂时性的问题。

SpaceX 从前面两次的失败中吸取了教训：SpaceX 在 2008 年第三次测试之前，曾将两枚“猎鹰 1 号”火箭运到夸贾林环礁上。这一次，公司无须再等一年就可以再次发射火箭。而且，工程师们对于解决这个问题信心满满：只需要将主发动机熄火与两级火箭分离之间的延迟时间加长即可。“第三次测试和第四次测试之间，我们仅仅是更改了一个参数，别无其他。”科尼斯曼说。

2008 年 9 月，“猎鹰 1 号”再次从奥莫莱克岛的发射架上腾空而起，这一次其携带了一颗虚拟卫星。发射团队进行了“静态点火”（这是一种标准的发射前测试程序，即火箭发动机在完全燃烧的情况下启动，而火箭则被固定在发射台上），并更换了令他们担忧的部件。然后，他们才真的点燃了发动机。火箭又一次升空，冒着滚滚浓烟，SpaceX 的团队不得不痛苦地忍受时间一分一秒地过去，看着天空和他们的电脑，等待着两级火箭的分离。

更换一个参数就足够了。第四次测试，成了 SpaceX 展示魅力的场合。不仅仅是使火箭完美地进入了轨道（这对于私人开发的太空飞行器而言是一次创举），而且还进行了进一步的测试：关闭第二级火箭的发动机，重新启动，同样进展顺利。

马斯克在一次“谦虚”的自夸中写道，这次发射“对于领导了火箭的整体设计的我（并不是我当初创办公司时所期望担任的角色）来说，是一个巨大的解脱”。他承认，在前一周接受美国航空航天工程师领导组织颁发的奖项时，他感到有点不好意思，因为当时他还没有完成一次成功的发射。不过，“乔治 · M. 洛航天运输奖”，马斯克是当之无愧的。在阿波罗计划期间，洛曾是 NASA 的官员，他曾让第一枚载人火箭“土星 5 号”跳过绕地球轨道运转的步骤，直接将宇航员送上了月球轨道，他是一个具有那种“在飞行过程中测试”特质的家伙。

“猎鹰1号”是世界上首枚私人开发的能够到达轨道的液体燃料火箭。虽然这次发射比马斯克的计划要晚了5年，但并不要紧：现在，SpaceX的团队满脸坏笑地对他们的竞争对手说“我早就告诉过你吧”。

对于“猎鹰1号”火箭来说，只有一个难题：没人想买它。SpaceX本希望用低成本的小型火箭赢得大量客户，然而市场还未成型。SpaceX计划每年进行多达12次的“猎鹰1号”发射任务，但在火箭成功发射后却只得到了屈指可数的发射订单。在此期间，火箭的价格已经从预期的600万美元上涨到了800万美元。对于那些有小型卫星发射计划的组织松散的公司和研究团体来说，这个价格已经是它们能够负担的极限了。军事战略家们仍然希望拥有小型卫星的快速发射能力，但五角大楼的首要任务是伊拉克和阿富汗的反恐任务，而不是与潜在的竞争者们的太空战。

“如果只有欲望，却没有资金的话，你是无法拥有市场的。”肖特维尔后来告诉我。第二年夏天，“猎鹰1号”将最后一次执行发射任务：发射马来西亚的一颗成像卫星。之后，SpaceX将会悄悄退役这款运载火箭，并将现有客户转向即将推出的“猎鹰9号”。这是一项明智的商业举措，但也意味着对那些原本希望搭上火箭的小型项目和初创企业的背叛。

无论“猎鹰1号”在寻找可持续市场的过程中遇到了何种问题，它都显然为其后继者提供了一个有用的试验平台。同年11月，在得克萨斯州的麦格雷戈试验基地，拥有9个发动机的第一级火箭进行了全程测试，不到3分钟，50万磅的液氧和火箭燃料便化为了灰烬。SpaceX开始向卡纳维拉尔角运送各种硬件，希望能在2009年年初进行“猎鹰9号”火箭的首次发射。到当时为止，NASA的太空出租车合同是SpaceX最大也最重要的收入来源。持续流向肯尼迪航天中心的新硬件，“猎鹰1号”的成功发射，一直按部就班地完成项目阶段性任务的事实，使得 SpaceX 当年收到了一份巨大的圣诞礼物：来自 NASA 的一份价值 16 亿美元的向空间站运送 12 次补给的合同。“我爱死你们了！”马斯克接到电话通知后兴奋地说。

轨道科学公司，太空出租车项目中的另一家公司，获得了一份包含 8 项任务的价值 19 亿美元的合同，两家公司每次发射的差价超过 1 亿美元，这彰显了 SpaceX 的低成本优势。不管怎样，尽管签订了规模如此之大的合同，NASA 仍然不愿相信轨道科学公司和 SpaceX 公司，只让它们发射了一枚火箭。然而，距离航天飞机预计退役的 2010 年，时间已经不多了。在这些替代者们正式开始工作前，仅剩两年时间了。这对 NASA 来说“非常尴尬”，格斯滕迈尔后来对我说：“我们别无选择，如果我们想要交付，就必须履行服务合同，出发，前进。”迫于必要，NASA 采取了行动，但这一决定引发了基斯特勒火箭飞机公司资深员工的酸葡萄心理，他们一年前为了生存一直在乞求这样的承诺。时机就是一切。

2011 年 1 月发生的大事不光有政府向 SpaceX 注资，在 2008 年充满争议的大选后，华盛顿迎来了巴拉克·奥巴马。奥巴马的竞选活动以批判布什政府的反科学立场为主题，而且，他的过渡团队为 NASA 准备了不少重大计划。但是，当到达 NASA 的工厂，评估现有的计划并为进行改变做准备时，他们遇到了一个意料之外的挑战：迈克·格里芬还没有完成他的火箭的制造。

第 10 章　改变 vs 墨守成规

事实是，私人企业一直在协助载人火箭的设计与制造，从 50 年前将约翰·格伦送入轨道的“水星号”，到目前正在轨道飞行的“发现者号”航天飞机都离不开它们的帮助。

——巴拉克·奥巴马，2010 年

这位伊利诺伊州身材修长的年轻参议员，以新总统的身份初到华盛顿时，便以提出“改变 vs 墨守成规”的口号而闻名。每届新政府都会收到一份美国财政部所面临的最大经济威胁的清单。奥巴马新政府收到的清单上列着金融危机、伊拉克战争和阿富汗战争、次年的人口普查，以及饱受批评的医疗保障体系。另外，其中还有一项是 NASA 的难题：航天飞机项目仍计划于下一年终止，但目前为止还没有可靠的替代方案。

NASA 所执行的在制造自有重型火箭和太空探索航天器的同时，资助那些将为空间站提供服务的私营企业的并行太空战略，正面临巨大的压力。根据太空出租车计划的发射日期，SpaceX 和轨道科学公司的硬件制造正如火如荼地推进。然而，“令人兴奋的阿波罗计划”中的卫星星座概念，已经陷入了 NASA 大型项目的常规延迟中。小布什总统曾说过，美国人将于 2015 年重返月球，然而 4 年后是否能够实现这一目标，仍然存在很大的不确定性。

“这不仅仅是因为火箭的建造需要更长的时间，还因为你得为一支常备团队支付费用，”一位 NASA 官员解释说，“这意味着你大概每年要支付 20 万美元给约 1 万人，这与你原先所预想的成本相比，要高出不少。”

NASA 已经将星座计划 70 亿美元的合同外包了出去，而且在未来 20 年中，预计还将陆续投入总计 2 300 亿美元的资金。最初，格里芬的设想是从实用主义中提取的精华：用航天飞机和阿波罗计划中经过验证的硬件，制造两枚组合式火箭，其中一枚为载人级别的火箭，用于将名为“猎户座”的太空舱送入太空，另一枚更大的火箭则用于发射足以用于探索太阳系的燃料。但是，事实证明，传统的方法说起来容易做起来难：NASA 决定不按原计划使用航天飞机的发动机，而是聘请洛克达因公司来建造一款全新的发动机。（洛克达因公司是一家长寿的专业承包商，曾为“土星 5 号”、“德尔塔 4 号”和航天飞机制造发动机。）由于工程师们无法想出如何重造那种材料，因此，在“猎户座号”上重复使用“阿波罗号”宇宙飞船的隔热层的计划搁浅了。负责设计新火箭、发动机和宇宙飞船的工程师团队不断遇到麻烦，因为一个系统中的一个改动，往往会引起另一个系统的调整。

审计人员因为那些未解决的技术问题、进度延误和不切实际的预算而感到烦恼。当听到得到政府固定成本合同的洛克达因公司，居然与分包商签订了成本附加合同时，他们陷入了惊慌。格里芬对他们的审定不以为意。“居然有像政府会计办公室这样的组织负责审查我们关于发射装置的决定，”2007 年他若有所思地说，“在我小时候，NASA 的行事风格就是如此。”那一年，审计人员估算，寻找航天飞机替代品过程中的若干次失败尝试，已经让 NASA 烧掉了 48 亿美元。不知道“战神号”火箭和“猎户座号”飞船，是否会使更多资金打水漂？

洛丽·加弗，曾是比尔·克林顿政府时期 NASA 局长丹·戈丁的高级顾问，其在任期内养育了两个孩子，为波音公司提供咨询，并尝试作为一名游客前往未来的空间站，不过该计划最终因成本太高而告吹。奥巴马的过渡小组很欣赏她在太空旅游业领域的声望，因而任命这位“宇航员之母”主导 NASA 的交接工作——清点现有的项目，它们的费用，以及未来前景。但加弗遇到了重重阻力。这让过渡小组大吃一惊，因为考虑到混乱的经济形势，布什总统曾明确鼓励其继任者在更换人选的时候要走得更远。“这是相当惊人的，”后来成为白宫重要科学顾问的詹姆斯·科伦伯格在提起过渡期时说，“除了找到一些 NASA 中我们感兴趣的东西外。我不认为过渡小组找到了他们想要的信息。”

格里芬似乎为了保住饭碗而四处奔走。一封由前 NASA 成员发起的要求格里芬留任的请愿书，引起了人们的注意。那位撰写请愿书的官员对奥巴马及其发表的一系列言论溢于言表的赞扬，让研究总统过渡时期的一位学术观察家保罗·赖特如此评论：“听起来好像我们唯一能做的事情，就是将迈克·格里芬的名字印在航天飞机的一侧上。”NASA 发言人否认格里芬做了任何不当的事情，他们还注意到其他人似乎希望他留任。这并非史无前例。尽管政治任命官员通常在换届时会选择辞职，但比尔·克林顿曾让布什任命的戈丁留任，继续执掌 NASA。戈丁更像是一位技术官僚，而格里芬则复杂得多，一方面他捍卫星座计划，另一方面，在气候变化问题上，他曾质疑关于人类在全球变暖中所扮演的角色的科学共识，而这些观点背后的大量数据都是由 NASA 的科学家们得出的。

据说，格里芬曾号召承包商为星座计划服务，并要求它们游说政府保护该项目。他的工作人员监控了 NASA 员工和过渡小组之间的会议，以确保他们知道该知道的信息。格里芬暗示，过渡小组成员大多只有政策背景，而无工程背景，因而缺乏评估他的提案所需的专业知识。2008 年 12 月，格里芬和 NASA 过渡小组成员共同参加的史密森学会图书聚会上，双方间的紧张情绪，一触即发。当晚发言的历史教授指出，肯尼迪政府在交接过程中几乎忽略了 NASA 的存在。

据《奥兰多前哨报》报道，格里芬当时大声地说：“我希望奥巴马团队能来和我谈谈。”“我们现在来了，迈克。”洛丽·加弗的一个同事回答道。加弗和格里芬随后展开了激烈的对话，这位奥巴马的助手对 NASA 拒绝回答有关 NASA“幕后”正在发生的事情的基本问题表示了不解。后来，她告诉我，他们“除了一段两枚‘战神号’火箭同时发射的视频以外，什么都不愿给我们看了”。

据报道，格里芬回答说：“如果你想看看‘幕后’到底发生了什么，那你就是在说我是个骗子。因为这意味着，你不相信我说的话。”

如果不出意外，格里芬的言辞会让他失业，而非保住饭碗。但是，除了他个人对新型重型火箭的承诺（他在一次采访中说道：“‘战神 5 号’是我 15 年来脑子里一直想着的一个设计。”），新政府还有体制和政治方面的问题亟待解决。奥巴马团队确信，NASA 并没有意识到改变的必要性，也没有意识到对“哥伦比亚号”事故调查的严厉批判（他们将其视为福音）背后的含义。NASA 无法同时完成建造国际空间站、寻找航天飞机替代品和登月这 3 项任务。是时候分清主次了。

那些深度参与这些项目的承包商在察觉未来数十亿投入可能打水漂后，并没有立刻打算缴械投降。同样，那些拥有与这些项目相关就业岗位的政客们也不会，其中包括得克萨斯州（约翰逊航天中心所在地）参议员凯·贝利·哈奇森和马里兰州（戈达德太空飞行中心所在地）参议员芭芭拉·米库尔斯基。在这一点上，没人比佛罗里达州参议员比尔·纳尔逊更重要了，他曾是太空海岸的传奇捍卫者，在 20 世纪 80 年代担任国会议员时，还乘坐过航天飞机。纳尔逊还碰巧是奥巴马的盟友，是其参议院顾问，是他竞选总统最早的外部支持者之一。他曾亲眼见证阿波罗计划和航天飞机项目结束后，佛罗里达州所发生的一切。现在他担心，已经处于经济衰退阵痛中的佛罗里达州，会再次出现类似的失业情况。

为了满足纳尔逊对于保证 NASA 工作延续性的愿望，总统最终选择了由查尔斯·博尔登来领导 NASA。博尔登，一位非洲裔美国人，前海军飞行员，于 20 世纪 80 年代成为一名宇航员，执行过 4 次航天飞机的飞行任务，其中有一次还是与纳尔逊一起。他在 NASA 深受尊敬，是一位对奥巴马深表敬意的长辈式人物，而且是一位合适的发言人。与此同时，加弗被任命为博尔登的副手，目的是在她老板和蔼可亲的外表背后，推进政府的政策目标。

面对不愿对 NASA 进行重大改革的国会，奥巴马政府决定尝试总统绕过既得利益集团的惯用手段：成立一个蓝带委员会。从航天飞机焊工到宇航员，每个人都尊敬的航空航天高管诺曼·奥古斯丁被任命为该委员会的负责人。“挑战者号”事故之后，他曾领导了一个小组制定太空政策。20 年后，他与一群杰出人士又被要求确保 NASA 的载人航天项目是“不负国家”的。

委员会的发现，并没有令加弗和其他那些对 NASA 的计划持怀疑态度的人们感到惊讶。如若想让星座计划按时完成，政府还需投资 450 亿美元，并在 2015 年前取消国际空间站项目。这种大幅度的预算增长在政治上是站不住脚的，而且，出于外交、投资和惯性方面的原因，取消国际空间站项目也不是一个选项。与此同时，NASA 的自建计划将于空间站进入太空后，造出第一款飞行器。空间站每一次飞行都要花费 10 亿美元，这个费用不是所有人都能承受得起的，因此空间站仅适用于那些最重要的任务。“问题是，‘猎户座号’是一款非常适合太空探索的运载工具，但其能力远远超出了‘太空出租车’只需抵达近地轨道的需求。”委员会总结道。美国政府在究竟是保护进入近地轨道的能力，还是保护其飞出近地轨道抵达月球或火星的能力之间难以取舍。

奥古斯丁的委员会试图寻找一条合适的前进道路。几乎所有的道路都涉及 3 个关键步骤：增加两次航天飞机任务，以完成空间站的建设；取消或推迟“战神号”火箭项目；拓展 NASA 的商业伙伴关系，使其涉足将宇航员和货物送入空间站的业务。尽管 SpaceX 和轨道科学公司都还未曾发射一枚火箭，但是这种划算的替代方案促使政策制定者迅速启动了“商业乘务计划”（Commercial Crew program）。“似乎在奥古斯丁出现之后，每个人都能接受‘猎户座号’项目的取消，商业乘务计划也已准备就绪，”加弗告诉我，“当我到 NASA 上任，并开启过渡期时，COTS 项目很明显将成为过去。我一直认为 COTS 项目应归功于格里芬和他的团队。”

奥巴马同意在 2009 年秋天取消星座计划。但是，政策正式出台时，情况失控了。从局外人的角度来看，在 2012 年 2 月公布前，这个决策看上去都是模糊不清的。在NASA，这一消息并没有被很好地接受。“媒体对这一消息的解读是，我们停止了对太空的探索，转而去做一些商业活动，”正在推进这些商业活动的项目副主任瓦兰·索恩后来说，“这并不是白宫真正想要传达的信息，但即使是我第一次看到新闻时，我几乎也认为这就是他们的计划，这让我很失望。”消息宣布当天，索恩参加了在人类航天之家约翰逊航天中心举行的高级职员会议。“这就像参加一个葬礼，而且，你还是以杀人犯的律师身份参加。说真的，这感觉真的不好。政策出台的整个过程，本可以让一切对于我们来说更容易一些的。人们在心里怪我们，他们很生气。”

议员们对此也是大发雷霆。亚拉巴马州参议员理查德·谢尔比宣布：“总统提出的 NASA 预算案，开启了美国未来载人航天的死亡征程。”纳尔逊感到尤其愤怒，觉得他的政治盟友是在故意瞒他。“对于奥巴马总统及其关于国家载人航天项目的提案，有着赤裸裸的敌视。”他在参议院发言时，将“错误解读”归咎于给了他的朋友奥巴马错误建议的“预算专家们”。为了确保佛罗里达州的选民们知道奥巴马正在为他们深爱的太空项目而战，总统计划在4月访问肯尼迪航天中心，并就他最新的航天方案发表演讲。

“空军1号”降落于停泊着航天飞机的巨大机场上，这样的访问是NASA为总统所准备的政治盛宴中的一个传统。最重要的问题之一，是找到一个合适的拍照机会。毕竟，肯尼迪航天中心里的大部分太空硬件都或多或少与星座计划或航天飞机有关，而这两个项目都被奥巴马取消了。现在适合拍照的公司就只剩下计划在演讲结束后不久为政府发射一枚卫星的ULA，和一直在将设备运往卡纳维拉角、准备测试“猎鹰9号”和“龙飞船”的SpaceX了。

总统最后参观了SpaceX的工厂，与马斯克进行了密切交流。不过，这次访问是伴随着一些争论的。两位白宫消息人士告诉我，不知是出于对总统新航天方案的不满，还是出于不能允许一群摄影师和记者进入工厂的安全性要求，ULA拒绝了总统的参观要求，所以总统才选择了SpaceX。然而，另一消息来源称，奥巴马是特意选择SpaceX的。SpaceX在卡纳维拉尔角的员工们称，ULA一直在寻找与总统合影的机会，并私下诋毁SpaceX，以游说总统选择自己。

然而，奥巴马还是去了SpaceX，这次访问看起来是这样的：奥巴马在佛罗里达州潮湿的环境中将夹克酷酷地搭在一边肩膀上，饶有兴趣地听打着一条十分难看的领带的马斯克，为他讲解SpaceX的情况。在发射台上，马斯克向奥巴马展示了“猎鹰9号”，并将他介绍给了SpaceX的几位员工，其中就包括布赖恩·莫斯德尔，这是一位波音公司的前雇员，我们上一次提到他是在1998年“德尔塔2号”火箭爆炸时。那之后，在马斯克挖走他来掌管SpaceX在卡纳维拉尔角的业务之前，他已经晋升为ULA的首席发射指挥。尽管SpaceX依赖于莫斯德尔在火箭发射方面的专业知识，但在那一天，他起到的是另一个作用：提醒人们，SpaceX也可以像那些让奥巴马心烦的大承包商一样，创造就业机会。

在演讲过程中，奥巴马讲起他童年骑在祖父的肩膀上，看着宇航员们乘坐太空舱坠落到太平洋上后，返回夏威夷的记忆。奥巴马许诺了一条循序渐进的路径：从完成空间站，到开发一款将宇航员送到月球的新型航天器，具体步骤是首先于 2025 年造访一颗小行星，然后于 2030 年前后造访火星轨道。他还声称将耗资 4 000 万美元，为太空海岸制订一项经济发展计划，以帮助减轻取消航天飞机项目带来的损失。他提醒人们，航天飞机的取消是在 6 年前由他的前任决定的。国际空间站预计最终将于 2011 年完工，并延长使用至 2020 年。因为若根据最初的计划，于建成仅仅几年后的 2015 年便让空间站脱离轨道（被摧毁），几乎没有任何意义。

太空界中最狂热的成员们，在发现奥巴马没有承诺一个更宏伟的愿景时，感到十分失望，而奥巴马的支持者们则称，这反映出了他对不误导美国人民的一种坚持。一位白宫顾问告诉我，“在地缘政治未提出需要时，我们不能就那样自行树立目标，采取行动，以及开空头支票”。奥巴马计划中最新奇的部分，即登陆一颗小行星的提案，在演讲后基本就被抛诸脑后了。“我们当时没有充分意识到：现在我们没有足够的资金投到这个领域的研究当中，而且人都是追逐金钱的，但现在小行星市场还没有被开发出来，”洛丽·加弗告诉我，“因此不会有那么一大群人凭空冒出来说：‘是啊，这就是我们需要的：深入地研究小行星。’”然而，参与星座计划的议员们与三大承包商洛克希德公司、波音公司和普惠航空公司，还在努力尝试挽救它们的项目。它们通过多种方式间接地影响总统的政策。它们还利用了总统提案与奥古斯丁报告中的一个关键差异：假设 SpaceX 与轨道科学公司制造的火箭不具备格里芬想要的巨大的“战神号”火箭的那种超强运载能力。一枚足以将 100 多吨有效载荷送入太空的火箭，对于在太阳系中进一步探索的严肃计划是必要的。现在，这还是政府计划中的一个空白，三大承包商打算着手填补这一空白。

议员们向此前主持星座计划的 NASA 航天中心表示他们可以将星座计划中的工作人员和设备重新用于新的探索任务，以保留他们所在地区的就业岗位。加弗，NASA 副局长，并未上套。当他们被揭穿时，她说："我只想仰天大笑。这就像是在说：'噢，我们可以在 3 年内，只花两亿美元就完成任务。'这简直疯了。"但是，这一竞标提案引发了控制 NASA 开支的资深议员与总统之间的分歧，而太空出租车计划则是谈判的关键筹码。

奥巴马与马斯克在卡纳维拉尔角的聚会上谈得很投机，两人发展出了一种所谓的"兄弟情"的关系，他们每年会见几次面，吃吃饭，聊聊天。奥巴马刚刚领导了一场技术支持运动，旨在抵制他所在党派的陈词滥调。一段在创造就业的同时，还能节省政府开支的致力于探索太空的政府 - 私营企业合作伙伴关系是少有的能让总统既能表达对新事物的兴奋，又能将自身与美国例外主义的传统结合在一起的话题。但是，并不是在华盛顿的每个人都相信这一点。

"批评者说，你们这是在把美国航天计划的声誉拱手让给那些亿万富翁，"曾于白宫任职，2014 年加入 SpaceX 的菲尔 · 拉森告诉我，"不，我们签订合同是为了让他们节省开支，让所有人都能参与竞争。"谢尔比、纳尔逊与其他有权势的参议员坚持认为，如果能够砍掉整个星座计划，那么一个重型火箭计划就会生根发芽，而"猎户座号"飞船也将能够被保留下来。政治需求赢了：经济正在崩溃，这使得政府不愿削减能够创造就业机会的项目，在医疗保健和金融改革上的斗争，需要奥巴马筹集任何他能够争取到的政治资本。"我们没有和佛罗里达州最受欢迎的民主党参议员激战，在几年后我们需要他的时候，我们也没有雇用他，"奥巴马的一位助手对我说，"我们得到了我们想要的 40% 的支持率；我们得到了商业乘务计划，一点点太空技术；我们并没有取消猎户座计划；我们没有放弃巨大笨拙的重型火箭，但也没有优先考虑它。”

“我觉得，总统的人在政治方面没有做成这件事所需的那种坚韧不拔的精神。”加弗告诉我。即使与关键的参议员达成了最终协议，资金问题依然没有得到解决，而这导致我们每年都会就资金究竟应流向商业合作伙伴、新型重型火箭还是空间站而争论不休。太空界的改革者们口中残留着苦涩的味道，因为改变并不彻底，而这是奥巴马政府时期的一个共性主题。谢尔比参议员称 SpaceX 和蓝色起源公司背后的人为“业余爱好者”。不过，商业太空的倡导者们可能会觉得自己是胜利者：现在，他们已经不是接入空间站的一个备选而已了。他们是美国唯一的机会。

2012 年 5 月 25 日，SpaceX 的“龙飞船”太空舱悬停于国际空间站下方约 800 英尺处，它们均以每秒近 5 英里的速度在太空中飞驰而过。空间站中，宇航员唐纳德·佩蒂特和安德烈·库佩尔斯等待着、观察着，准备用空间站的机械臂去抓取这艘近 5 吨重的飞行器。然后，它将会被小心地拉到气阀上，固定在合适的地方进行卸货。

“从机组人员的角度来看，我们不知道这会不会是一匹难以驯服的野马，”已在模拟器上练习了 500 多次这项操作的佩蒂特说道，“这艘航天器还从未在与另一艘巨大航天器相距 30 英尺的环境中飞行过……你可能会遇到一个被卡住的推进器，它可能会高速撞向空间站，遇到这种情况，你该如何保护自己和空间站？”

“龙飞船”是一个高近 10 英尺，底座宽约 13 英尺的太空舱，其底部被一层厚厚的隔热层所覆盖。底座之上，布满了为 18 台 Draco 推进器留的椭圆形开口，Draco 推进器是米勒推进研发部门的另一个产品。“龙飞船”采用了一个简易的依靠自燃燃料的推进系统，其原理是化学物质在相互接触时会发生自燃，虽然很难处理，但这是在太空真空环境中产生少量推力最简单的方法。飞船内部只有 1 100 磅食物和水。舱内容积为 350 立方英尺，尽管仅为航天飞机客舱的 1/6，但比“阿波罗号”太空舱要大 60%。

一旦进入太空，“龙飞船”就会打开两侧的太阳能电池板，其翼展为 46 英尺。它的设计者相信，有太阳提供动力，航天器能够在轨道上停留长达两年之久。

这次飞行的监控活动在卡纳维拉尔角以及 SpaceX 位于加州霍桑市 100 万平方英尺的总部大楼的控制室进行，该大楼于 2008 年投入使用，以安置公司日益庞大的制造、设计和运营中心。年轻的飞行控制小组成员监控着遥测反馈，观察“龙飞船”靠近空间站过程中的异常压力数据和其他问题。这是私人航天器首次飞向近地轨道上价值 1 500 亿美元的空间站，任何事故都不仅可能会威胁这一全球性投资，而且还会威胁空间站中 6 人的生命。对 SpaceX 来说，在 NASA 中最难满足的人就是严密保护起来的空间站团队。

在进入距离空间站 650 英尺的“禁区”后，很明显“龙飞船”的距离传感器出现了问题。这些传感器是确保“龙飞船”能以安全的速度接近空间站至关重要的组成部件。负责测量“龙飞船”与空间站之间距离的激光测距仪，给出的答案与根据热量测量的冗余系统给出的数据完全不同。如果两个系统没能达成一致，航天器就无法验证自己与空间站之间的距离，这是一个严重的问题。

这是 SpaceX 团队没有预料到的情况。在正式飞行前 18 个月进行的试航，确定“龙飞船”是具备穿越太空、经受辐射和真空考验，以及返回地球的能力的。它还带有一个“秘密有效载荷”——一块巨大的奶酪，这是马斯克开的另一个玩笑。SpaceX 曾计划再进行两次试飞：一次是为了展示“龙飞船”与空间站通信的能力，另一次则是与空间站进行模拟对接。但是，为了节省时间和金钱，“龙飞船”团队向 NASA 建议，如果第二次飞行一切顺利，他们可以立即着手完成真正的对接任务。这中间是一个巨大的飞跃，就像从乔治·M. 洛航天运输奖跳过中间的测试部分，直接乘坐“阿波罗号”飞往月球。“一开始，我们并没有很快接受，”NASA 负责 SpaceX 任务的官员迈克·霍克切克在谈到 SpaceX 的计划时说，“他们似乎是想通过减少测试次数来节省开支，但这样会增加更多风险。”NASA 最终同意了这一计划，但作为交换条件，他们增加了飞行前的测试项目，以减轻他们对 SpaceX 系统的担忧。尽管 SpaceX 更换一个发动机阀的行为中断了在卡纳维拉尔角的发射，但“龙飞船”已经平稳地飞到了空间站附近的轨道上。经过 3 天对“龙飞船”与空间站进行通信的成功操作演示和测试,NASA 表示：是的，它可以接近空间站，并尝试真正的对接。

然而，一个突发故障使紧张情绪迅速蔓延。提前进行更多的测试，难道不是一个更明智的选择吗？ SpaceX 对于成本的削减，是否会令空间站陷入危险之中？

这次延期了 3 年之久的试飞至关重要。自 2010 年上一次“龙飞船”测试后，SpaceX 就再未发射过火箭了。整个 COTS 计划，距今已经进行了 7 年时间，耗时近双子星太空载人计划的两倍，而且它还没有将任何东西送入空间站。“人们对此有着很多疑问，‘COTS 计划到底有没有用？’”霍克切克说，“整个政界都在思考，这到底是不是个明智的做法，我们是应该继续 COTS 计划和太空商用化的做法，还是应该采用更传统的方式？”

SpaceX 的一位制导控制员立即采取行动，以为公司争取更多时间，他下达了暂时撤出空间站的命令。通信测试的目的之一就是为了确认，如果出现故障，宇航员能否在空间站内按下紧急终止按钮，启动“龙飞船”的推进器，使其安全地离开。如果宇航员对“龙飞船”的对接感到紧张，并使任务终止，那么就无法保证会有下一次对接了。这次撤出，用肖特维尔的话来说是“一个明智的操作”，因为这为 SpaceX 的工程师们解决故障争取到了时间。工程师们迅速意识到，是来自空间站的意外闪光干扰了激光传感器。为了解决这个问题，他们需要对解读传感器数据的软件进行重新编程，令其忽略无关的输入，直接执行指令。

当工程师们聚集到电脑前重新编写软件时，高管们所能做的就只有等待。“有趣的是，‘靠泊’（berth）这个词，用的是 e 而不是 i，”在控制室中的肖特维尔之后打趣说，“这其实有点像生孩子（birth），因为也持续了很长一段时间。”

让“龙飞船”到达那个距离空间站几百英尺处的位置完成 6 年前派给它的任务，已经取代发射“猎鹰 1 号”成了 SpaceX 的主要挑战。实际上，火箭是最容易完成的部分：发射“龙飞船”的“猎鹰 9 号”火箭，在奥巴马总统于卡纳维拉尔角的发射台上表示敬意后的几个月，就进行了首次发射。尽管该公司在太平洋地区的“爆炸性”努力，以及大多数新太空运载工具在早期就会失败的事实，引发了焦虑，但这次发射进行得很顺利。“猎鹰 1 号”的经历让 SpaceX 团队为迎接下一个挑战做好了准备：教会了他们技术，以及如何使用这些技术。

有些外部观察人士担心，使用 9 台发动机违背了马斯克一贯的原则，即更简洁的系统才是最可靠的。但是，在这种情况下，马斯克和其他设计师却将其视为保障措施：如果其中一台发动机失灵，另外 8 台也足以支撑火箭继续飞行。况且，这是美国火箭制造商解决这个问题的传统方法，毕竟造 9 台小型发动机要比造一台新的大型发动机便宜许多。

一天下午，肖特维尔在 SpaceX 位于华盛顿特区的办公室中向我解释说：“发动机的成本与其推力或性能水平之间不是线性关系。”这意味着更大型的发动机并不一定更便宜或是动力更强大。她接着说道：“如果你不得不制造一台巨大的发动机，那将会比制造 9 台稍小一些的发动机贵得多。如果你要制造一台和这个房间一样大小的发动机，想想看你得造多大一枚火箭才能将其装进去。想想你要如何启动那台发动机？你得使用一台巨型起降机才能将其运上测试台。想想你得买多少铝块……你如何才能制造出匹配那台发动机的组成部分？那真的很困难。”

使用 9 台梅林发动机，再加上为第二级火箭提供动力的另一台发动机，还有另一个好处：大批量发动机投入生产会产生规模经济和可靠性。SpaceX 充分利用了这一点，使用同样的工具制造第一级火箭和第二级火箭。他们比竞争对手更早地采用 3D 打印技术制造关键部件。凭借 SpaceX 的轻型火箭和高功率发动机的优势以及它的商业运作方式，“猎鹰 9 号”将是市场上最便宜的轨道火箭——如果它能飞的话。

尽管 SpaceX 在 COTS 项目的初始阶段中取得了快速的进展，但在开始制造和整合实际硬件时，它遇到了新的问题，其进度也相应放缓。尽管“猎鹰 1 号”成功发射，但进度也比计划时间落后了 18 个月，这也意味着 SpaceX 没有拿到相关进度的付款。从财务角度来看，这对 NASA 没什么影响，不过意味着 SpaceX 得为自己的延误买单。

星座计划被取消后，NASA 甚至还采取了一些报复措施：NASA 原计划使用与 NASA“猎户座号”飞船相同的降落伞，但当“龙飞船”准备就绪时，他们仍没能获得载人航天飞行的许可。不得已，SpaceX 公司只好建立自己的测试项目，以确保降落伞能够使用：将一艘“龙飞船”从位于太平洋海面上 14 000 英尺高度的直升机上扔下。

迄今为止，SpaceX 公司已经从政府那里得到了超过 10 亿美元的报酬，因此审查力度有所增加。与格里芬和星座计划一样，SpaceX 也受到了美国政府问责局的调查。SpaceX 曾在 2011 年警告称，他们和轨道科学公司都不太可能在预定时间内完成向空间站运送货物的任务。为了将补给和宇航员送上空间站，NASA 不得不延长与国际合作伙伴之间价格高昂的协议。

马斯克努力地保护自己公司的文化，他警告 NASA：“你们每在我的工厂里放一个 NASA 人，我就把价格提高一倍。”其中的冲突不可避免，有些冲突很简单，比如 NASA 喜欢用首字母缩略词，而马斯克却认为这些词不利于理解，除非是用于粗俗的讽刺。

“我读了 NASA 的文件资料，里面全是缩略词，我都没法看懂。我真的搞不懂那些词是什么意思，而我还是同一个领域的人士。”首席发射工程师科尼斯曼哀叹道。双方关于文件资料争论激烈，SpaceX 公司倾向于使用电子文件，而 NASA 则更习惯使用打印文件。有时通过电话联系另一方也很困难。“对于其他承包商或政府组织来说，你必须考虑到周五下午 3 点以后就无法通过电话联系到它们了，”科尼斯曼说，“但是在 SpaceX，周五晚上 7 点还有很多事情要做。”

尽管存在一定沟通问题，SpaceX 与 NASA 之间仍存在着一种高效的交流状态，并且政府在推动 SpaceX 进行更多的规划和归档方面发挥了重要作用。霍克切克记得：“我花了很长时间尝试让他们真正建立一份计划表，因为当我们推进项目时，他们完全不知道该如何建立一个庞大项目的进度表。”随着 SpaceX 不断改进设计，并将最后两次测试任务合并为一个，NASA（获得了奥古斯丁委员会的批准）说服国会再给 COTS 项目追加 3 亿美元，用于进一步的安全测试。

“随着我们增加了所有 NASA 式的传统测试项目后，我们对他们将两次任务合并在一起进行测试感到放心些了，”霍克切克说，“一些大型的系统测试会找出真正的问题，如果我们没能提前找到它们，任务就会失败。”

有了这笔钱，SpaceX 将“龙飞船”塞入真空加热室中，确保它能够承受太空的极端环境，同时对其计算机系统进行电磁干扰，确保它们在轨道上不会短路。SpaceX 甚至还在最后几次航天飞机任务中的一次测试了其激光测距传感器，这样，在执行真正的任务前，SpaceX 的硬件就在太空环境下进行了演练。

不过，SpaceX 还是采用了自己的方法设计太空舱。公司没有通过计算机模拟来测试宇航员在太空舱内移动的能力，而是建立了一个模型，并找了两名中等身材的员工在太空舱内爬行。（这就避免了让工程师们去找一些蹩脚演员来测试系统。）另外，他们没有使用测光表来确保标签的亮度足以让人阅读，而是简单地让一名宇航员用肉眼观察它们。公司通过使用浴室安装的那种门闩，在每个储物柜的把手上节省了 1 470 美元，并选择了 NASCAR（美国国家汽车比赛协会）的竞赛安全带，而非定制的航空航天保护带。而事实证明，NASCAR 的安全带更为舒适，这大概是因为相比于宇航员，赛车手们在座位上系安全带的时间要更长些。SpaceX 在发射“龙飞船”时，为其配备了一个鼻锥体，以提升其空气动力学特征，并保护对接目标。为了尽可能便宜地测试鼻锥体在抵达轨道后的弹出能力，“龙飞船”团队买了一个儿童玩的充气城堡，并将鼻锥体从中弹出。效果很好。

SpaceX 与 NASA 的合作也是硕果累累。星座计划未能搞清楚如何复制阿波罗任务中的热防护层，但 SpaceX 与 NASA 的艾姆斯研究中心合作研发出了一种新型材料，这种材料被称为“Pica”（酚醛浸渍碳烧蚀材料）。它的发明是为了让科学家能够回收从彗星上采集的样本，这项任务要求太空探测器能够承受返回地球大气层时每小时 29 000 英里的飞行速度产生的热量。

通过 COTS 计划，SpaceX 将该材料发明人之一的丹·拉斯基暂时拉入公司，以将热防护层改良得更便宜、更有弹性。最终产生的材料，即我们熟知的 PICA-X，是一次真正的创新。在“龙飞船”第一次过热穿越大气层的过程中，热防护层的效果相当好，以至于人们还以为有些传感器失灵了，因为在整个下降过程中，它们的温度没有发生任何变化。

但是，所有这些工作都需要时间，压力正在不断增加。当首次飞往空间站的飞行时间临近，SpaceX 和 NASA 的团队通宵达旦地工作，以确保一切顺利进行。异常的距离传感器不是一个小问题：SpaceX 采用了一种更为现代的软件工程方法，这种方法依赖于不断的迭代，而 NASA 却想要对每一个变化都进行审查。在飞行任务开始前，双方对飞行代码超过 1 200 次的更改进行了仔细检查。完成改写后，他们需要在 NASA 的模拟器上运行最终的成品，符合要求后才能将其上传到轨道上的航天器。

“你没办法对它进行建模，你只能最大限度地猜测，”在描绘工程师们拿着图像，手动过滤不良数据，以及努力弄清楚如何对接两个传感器时，林登莫耶对我说道，“这是一个在压力下完成得很漂亮的工程任务，并且展现了 SpaceX 完成这项工作的坚韧性和敏捷性。”

代码通过了 NASA 的测试，并于凌晨时分上传至“龙飞船”。“龙飞船”继续接近空间站，这一次，两个传感器显示的数据是相同的。飞船一到达距离空间站 30 英尺的位置，宇航员佩蒂特便训练有素地迅速抓住飞船，稳稳地将其拉到空间站的气闸室。“看起来就像空间站的尾部有一条龙一样！”他这样告诉 NASA 在休斯敦的地面指挥中心。

“如果我搞砸了，可能会让商业太空飞行倒退好几年。”他后来告诉我，“最重要的是，SpaceX 的工程师们在设计‘龙飞船’的控制系统时，工作做得非常出色。它被保养得很好。”

当宇航员们打开舱门时，他们报告说，“龙飞船”散发着“新车”的味道。这是首个与国际空间站，或任何航天设备对接的私人开发的航天器。

控制室外，那些熬夜等待结果的工作人员开始大声尖叫，泪流满面，相互拥抱。他们中的许多人从头一天开始，就一直在控制室里工作。办公桌上摆满了香槟和高脚杯，当 SpaceX 的庆祝活动开始后，肖特维尔“砰”的一声给她的团队开了一瓶香槟。现在，这些业余爱好者不仅进入了太空，而且还证明了他们可以在太空中赚钱。SpaceX 公司成功融入了 NASA 严格的载人航天计划，其所获得的信誉是无法估量的。更重要的是，他们将 NASA 重新带回了空间站，这是自去年最后一次航天飞机飞行以来，造访该空间站的第一艘美国航天器。

霍克切克后来说："坦率地说，如果那次飞行没有成功，我不确定商业机组人员是否还有机会进入太空。"这里指的是，私营公司运送宇航员和货物的后续计划。

为了开发"龙飞船"和"猎鹰 9 号"，COTS 项目已经向 SpaceX 支付了 3.96 亿美元。而 SpaceX 公司表示，公司为开发工作提供了 8.5 亿美元资金。在此期间，该公司仅从支持者那里筹集了 2.2 亿美元。余下的 6.3 亿美元来自 NASA 的后续合同，还有因肖特维尔不断进行路演而带来的一份利润丰厚的发射货单，其中包含数十项任务（以及附带的定金）。2014 年，公司在一份法律文件中公布了它未来 37 次发射的货单。不论它是如何筹集资金的，用 12 亿美元生产出新型火箭发动机、一艘新型航天器以及一枚轨道火箭，都是航空航天事业的一项壮举。

在将"龙飞船"放回地球前，佩蒂特和其他宇航员在太空舱内拍了一张自拍照，他们用空间站中那台老旧且永远墨水不足的打印机将照片打印了出来，并在上面签了名。佩蒂特让其中一名宇航员漂浮起来，挡住监控他们活动的摄像机，这样他就可以偷偷地把照片贴在太空舱中，给 SpaceX 的回收小组一个惊喜。

"他们将那张印刷质量极差，但所有宇航员都在上面签了字的照片，精心装裱，挂在了他们走廊的墙上。"霍克切克告诉我。

第11章　夺旗

在整个试飞员学校中，所有学生都认为最理想的工作就是，在一艘崭新的宇宙飞船上担任一名飞行测试工程师，然后等待机会驾驶这艘飞船飞行。

——宇航员罗伯特·本肯

2010 年，由于奥巴马政府对商业太空探索的热情，蓝色起源公司第一次真正进入公众视线。为了快速启动下一阶段的商业伙伴关系，这一次的重点是将宇航员送入空间站，NASA 拿出了一小笔经费，用于一个名为“CCDEV”的项目（NASA 超喜欢用缩略词）。第一笔 5 000 万美元，是新总统为提振疲软经济而制定的近 1 000 亿美元刺激法案中的一部分，NASA 将其中的一部分经费投到了 CCDEV 计划中。

第一轮资金流向了那些致力于开发将人类送入国际空间站所需技术的公司。波音公司和 ULA 分别获得了一笔经费，用于升级其航天器和火箭的设计。内华达山脉公司（SNC）这家卫星与推进技术公司，获得了 2 000 万美元的经费。该公司正在开发一款名为“追梦者”的类似于航天飞机的航天器，这款航天器原是 NASA 的设计，在落入内华达山脉公司之手前，这一设计已经被另一家航天公司进行了升级。蓝色起源公司获得了所有资助中第二少的一笔，共计 370 万美元，用于“新谢泼德号”火箭的开发工作。这笔经费直接用于开发一种密闭的碳纤维载人太空舱，以及一款能让满载旅客的太空舱在下方助推器出现险情时立即弹出的发射逃生系统。

尽管这笔经费有所助益，但这并不是真正的重点。事实上，当蓝色起源公司完成合作协议中的第一个里程碑式任务时，其中一名团队成员打电话给 NASA 的项目经理丹尼斯·斯通，请他支付适当的费用。“我们请他开具发票，而斯通告诉我他们从未给任何人开具过发票，他们也从来不需要开具。”

对于蓝色起源公司来说，它所获得的更大收益是访问 NASA 火箭的实验和操作数据库的权力，它因而能接触到 NASA 在各太空技术领域的专家、它的最佳实践以及测试设施。这种“软”交换，对于所有初创的航天公司来说都是非常有价值的，因为美国航空领域的集体智慧与经验非常珍贵。

2011 年，NASA 要求第二轮 CCDEV 提案，并投入了一笔金额更大的经费。这将是蓝色起源公司与 SpaceX 第一次，但绝不会是最后一次面对面进行竞争。两家公司都提出了后续计划，继续为它们的载人运输战略融资，SpaceX 的王牌是“猎鹰 9 号”和“龙飞船”，而蓝色起源公司的王牌则是“新谢泼德号”火箭。

这一次，NASA 开始广泛思考如何让各种各样的载人航天方法生根发芽。他们发现，随着硬件开发的进行，显然 SpaceX 和波音公司是在完成载人航天飞行计划方面走得最远的两家公司。由于其航天器的独特性，内华达山脉公司获得了一笔经费。这三家公司分别获得了 7 500 万美元、9 200 万美元和 8 000 万美元的重大进展奖金。

蓝色起源公司是这场游戏中的第四位玩家。它也有一个独特的设计，以及一份与众不同的商业计划，即采取“循序渐进”的方法，在进行将宇航员送入轨道这样更有野心的任务之前，先完成亚轨道飞行。要赢得 NASA 的青睐并不容易，NASA 对蓝色起源公司技术计划的初步评估反映，该计划明显缺乏具体细节，这可能是因为蓝色起源“对

NASA 载人认证要求草案缺乏了解”。蓝色起源根据 NASA 的反馈对提案进行了改进，但即便如此，评估人员仍指出“未能识别长期开发的风险”的问题，并表示“投资可能不会加速过程”。

不过，蓝色起源有一个很大的优势：用 NASA 的话来说，蓝色起源公司“并未对早期回报有过多期望，其对于太空商业市场的务实态度，显示出其长期发展的决心，这在所有投标人中都是独一无二的”。简单来说就是：蓝色起源公司清楚地知道它不会很快实现赢利，但它背后有贝索斯提供的充足资本支持，所以它能够比其他竞争者撑得更久。NASA 给蓝色起源公司拨了 2 200 万美元，用于“新谢泼德号”火箭的研发。虽然这笔经费比他们要求的要少，但还是比他们实际需要的要多。那一年，一台“新谢泼德号”助推器的原型机在其第二次试飞中坠毁：当时它偏离了航向，蓝色起源公司的工程师们不得不关闭发动机，以确保它不会脱离测试范围。公司发布了第一次测试的视频，视频中该助推器原型机在上升至 450 英尺后慢慢降落。不再模仿 DC-X 火箭的金字塔型外观，这款助推器的外形是一个尾部带有四根粗短翅膀的圆柱体。次年，蓝色起源公司预先完成了一次关键测试，证明其载人太空舱能够借助自带的喷气式飞机，从失败的发射中逃脱。

2012 年，NASA 推出了下一轮计划。这一次，投标者需要展示能将宇航员送入空间站的集成系统的正确路线图，其中包括火箭、航天器、地面操作系统、航天地面指挥中心以及其他所有部分。蓝色起源公司没有参与其中，这也许是因为它知道，即使按照航空航天项目管理的宽松标准，它也不可能声称自己有能力在一个合理的日期前将宇航员送上空间站。这就使得波音公司、SpaceX 和内华达山脉公司在 CCDEV 计划最终确定人选之前，瓜分了 11 亿美元的开发资金。

蓝色起源公司并非退出了太空竞赛，它只不过是结束了与 NASA 的商业合作关系而已。波音公司总是在追逐这些合同，它存在的理由就是为政府做工程。得益于NASA的支持，SpaceX已经取得了长足的进步，而且它知道，马斯克的财富不是无限的，它与NASA之间硕果累累的合作历史，能够为它的太空之旅铺平道路。相反，蓝色起源公司无须考虑美国政府的经费或是它的进度需求。

2011年，就在航天飞机执行最后一次飞行任务之前，另一名宇航员杰里·罗斯找到了当时的任务指挥官克里斯·弗格森。罗斯递给弗格森一面小小的美国国旗。

“不是开玩笑：白宫的命令，这面国旗必须被送到空间站，你必须得把它留在那里。”弗格森告诉我罗斯的解释。这面国旗，曾在第一次航天飞机飞行任务过程中飘扬。现在，它将要回到国际空间站，作为美国重返载人航天事业的象征，等待第一批商用飞船将它接走。然后，这面国旗将会被挂于“猎户座号”上，进入深空。（弗格森指出，这是假设他们在7年后还可以在空间站找到它。）

弗格森没想到自己会成为那些商用运载工具的设计者之一，并加入太空夺旗游戏中。2014年，NASA在两年前确定的3家最终入围公司中进行了选择：SpaceX与波音公司被选中为国际空间站打造载人运输系统。据比尔·格斯滕迈尔说，波音公司的提案被认为是最好的，但SpaceX通过COTS项目证明了自己的实力，并且提出了一个相对较低的报价——26亿美元。波音公司的项目成本为42亿美元。两家公司都渴望成为第一个将宇航员送上空间站的公司。

现在，弗格森正在为波音公司工作，他负责这家航天巨头进军商业太空服务领域的第一步。波音公司的运载工具被命名为CST-100星际客机（Starliner）。弗格森发现NASA与波音公司之间最大的区别在于，波音公司希望他能开发出价格便宜“一个数量级”的安全有效的运载工具。这位前飞行员开始着手制造一个新型运载工具，而对于自己是否会成为波音首批试飞员之一置若罔闻。

与此同时，SpaceX 全身心投入将其载货舱升级成载人太空舱的任务当中。2014 年，马斯克在华盛顿的一次盛大活动上展示的那款运载工具的造型一看就是他的风格：未来主义的椅子和折叠式触摸屏，看起来像是由一个巨大 iPad 控制的航天器。

NASA 任命了 4 名有试飞员背景的资深宇航员作为第一批乘坐私人航天器飞往太空的宇航员，他们分别是罗伯特·本肯、埃里克·博伊、苏尼塔·威廉姆斯和道格拉斯·赫尔利。他们在两家公司之间穿梭，评估设计、提供意见。正如本肯告诉我的那样，“早上在 SpaceX，下午在波音公司”。随着飞行器的设计完成，他们开始测试飞行软件，并针对飞行操作进行训练，他们将 4 个人超过 60 年的太空经验集中起来，应对穿梭挑战。“供应商们没有太多宇航员可用，”本肯说，“他们需要我们来做这些评估，并向他们提供数据。”与此同时，在这两家公司让他们设计的运载火箭离开地面前，美国宇航员只能通过俄罗斯的“联盟号”前往国际空间站，而进度一直出现延迟。“最理想的状况不过是，我们离开一枚火箭，踏上另一枚火箭。”本肯悲叹道。

政治是问题的一部分。2010 年，奥巴马团队与控制太空经费的强大的国会议员之间达成了一次妥协，但充其量只能算是部分妥协。在谈判期间，加维告诉我：“我们从来没有谈到这些项目到底获得了多少经费——不论我们预算报多少，他们都会削减一半。”后来，调查人员发现，在 2011 年至 2013 年之间，商业乘务计划只获得了预期经费的 38%，进度因而延迟长达两年之久。

来自工程方面的挑战也很严峻。与货运火箭相比，载人火箭需要考虑和规划的细节更多，NASA 为波音公司和 SpaceX 准备的最终需求文件厚达 297 页。文件的重点是关于在上一个商业项目中所积累的基础知识：一枚运载火箭所能承载的质量是多少，其是如何接近国际空间站的。但人的因素也在考量之中。其中有一项要求是，航天器需要为舱内的宇航员提供饮用水，而且这些水需要进行质量测试。其他人则要求保护运载火箭免受极端旋转、地球引力、不舒服的震动、足以造成伤害的噪声的影响。

有时候，这份文件会提醒你，尽管宇航员们受过精英化的训练，而且具有奉献精神，但他们也和你一样：与在地球上的私人医生讨论健康问题时，他们需要一条私密的通话线路。在货运任务中已然出现了隐私问题：之前负责抓取“龙飞船”的宇航员佩蒂特告诉我，NASA 已经就飞行器中的麦克风与 SpaceX 进行了谈判，以便对飞行过程进行监控。佩蒂特希望确保，麦克风捕捉到的空间站里的任何消息，都是保密的，毕竟，“当我们给航天器卸货时，我们就相当于轨道上的码头工人”。

NASA 关心的最重要的一点是安全问题。两枚运载火箭，ULA 的“宇宙神 5 号”和 SpaceX 的“猎鹰 9 号”，必须是完全可靠的。对于 SpaceX 来说，这意味着要解决其涡轮泵上出现的裂缝。公司开始致力于“猎鹰 9 号”最终版本 Block 5 的研发工作，这款“猎鹰 9 号”将能符合 NASA 的标准。波音公司则需要去处理其火箭的震动问题，以及减重问题。与此同时，波音公司还有另一个重大的问题，即确保在“宇宙神 5 号”中的俄罗斯发动机是可靠的。虽然美国和俄罗斯之间的协议限制了美方对其设计数据的访问，不过波音公司强烈要求 NASA 分析飞行期间获得的性能数据。

谈到太空舱，两家公司都面临着一个名为“航天员损失概率”的魔幻数字，这个数字代表了宇航员因失败而死亡的概率。航天飞机飞行任务的航天员损失概率约为 1%。一开始，工程师们大张旗鼓地要寻找一种比航天飞机安全 10 倍的运载工具——这一数字应为 1‰。

“有了目标，才能有工作的方向。”受人尊敬的 NASA 经理凯西 · 卢德斯告诉我，他是商业乘务计划的负责人。最大的问题在于微流星体，以及旧航天器产生的碎片。当航天飞机在太空中飞行时，它总是发动机在前倒着飞的，这样是为了保护飞机上的机组人员。即使是一块非常小的太空垃圾，若以轨道速度撞击，也会对一艘防护良好的航天器造成威胁。为了达到1‰的标准，卢德斯说，他们不得不使航天器的表面布满防护材料。

星座计划的航天员损失概率为1/270，不过达到这一点是“相当相当艰难的”。对于波音公司和SpaceX的太空舱来说，NASA似乎越来越可能不得不接受低于这个标准的飞行器。尽管如此，卢德斯仍尽力推动这些公司满足这一标准，并开发那些能给他们更大容错率的操作技术，比如在轨损伤检测技术。

然而，最终这只是另一个证明任何用确定性的风险评估挑战技术和物理极限，都相当困难的案例而已。这个数字本身只是传达了一种虚妄的安全感，原因很简单，与客运航空相比，我们掌握的有关太空飞行的数据量太有限了。当NASA用整个项目的数据建立起首次航天飞机飞行的风险模型时，发现其航天员损失概率为1/12。

“在不讨论这种环境有多危险的机构里，我们也许是在给自己造成伤害，”戈斯坦梅尔告诉我，“每270人中就会有一个人遇险，一般人将这个数字视为一个绝对值，但他们没有看到这个数字的不确定性。”在一篇关于人类太空飞行的“风险的无止境管理”的社论中，他指出“没有一项人类太空飞行任务是绝对安全的，不论用任何合理的定义来定义风险”，但是，“为了向每个人证明利益大于风险，我们必须要被允许这么做”。

我问本肯，谁将是第一批乘坐这些运载火箭的宇航员，以及他是如何看待其中风险的。

“对于风险承担者来说，这很重要，在某种程度上，这是我的工作：去搞清楚他们将要接受的到底是什么，”他告诉我，“如果有更多的时间，而且如果你能够花更多的资金，总有人告诉你会有办法让它更安全的，但是，太空是一个非常严酷的环境，而且是无法改变的。”

项目中的本肯、弗格森、瑞斯曼，以及许多其他的宇航员都见证了“哥伦比亚号”的灾难。“那是我们重要的共同经历，”本肯说，“这不是假设。”但是，让美国重回人类太空飞行领域的挑战太诱人了，以至于他们无法忽视。“没有比现在更激动人心的时刻了。”本肯说，并指出有 3 艘载人级别的航天器正在研发中，其中一艘是“猎户座号”，它的目标是突破近地轨道。

所有这些风险都由 NASA 这个规模巨大的官僚机构承担。一些早期 COTS 项目的支持者担心该计划将会回归 NASA 的传统方式。“这就是 NASA 做生意的方式，”COTS 项目的内部风险投资家艾伦·马蒂告诉我，“NASA 内部有一种天然文化：如果 COTS 这样的项目需要我们投入 5 亿美元和 13 个员工，那么，我们投入 20 亿 ~30 亿美元资金和数百名 NASA 员工，结果一定会更好。这种思维与硅谷思维是完全对立的，而我们试图制造的东西也是与 COTS 项目完全对立的。”

迈克·格里芬，曾启动了 COTS 项目的 NASA 负责人，也成了 NASA 用私人航天器将宇航员送入太空这一方法的批评者。尽管项目签订的是固定价格合同，但他认为计划中分阶段的设计就是一种补贴方式，类似于之前旧的传统合同，只不过没有政府控制。“NASA 为波音公司和 SpaceX 公司提供了每一分钱，”他告诉我，“所有这些资金都用于开发，NASA 或其他政府管理人员却不能指导承包商该做什么。谁都知道，这些公司并非一无所获，设计最终会归它们所有。”

对于这个项目，NASA 并不是这么描述的：在签署最终的商业乘务计划合同之前，NASA 已经与参与其中的各家公司一起，制定了详细的需求手册，而且之后 NASA 可以对附加测试进行授权，并派出检查人员监督硬件的制造。尽管如此，这两家公司仍比 NASA 之前的承包商在设计方面有更多的发挥空间。格里芬的批评矛头指向，在设计项目时，利用商业激励所带来的真正挑战。虽然太空出租车计划对火箭的开发提供了资助，但火箭可以做的不光是将货物运送到空间站，格里芬在 2012 年的一次讲话中指出："尤其是载人航天活动，在现在和不久后的将来，会成为市场无法提供的众多产品中的一种，如果我们想要这种产品，就只能寄希望于政府出资建造它。"其他人并不同意他的观点。布雷顿·亚历山大是与格里芬一起推进 COTS 项目的一位 NASA 官员，他之后加入了蓝色起源公司，他认为载人航天远比货运更加商业化，他指出，人们对太空旅游业的兴趣日益增长。"载人航天是最有潜力的市场，但在打开它之前，它牢牢掌握在政府手中。"他在 2013 年说道。他还暗示格里芬对商业化项目的批评可能有其他原因，即星座计划的终结："如果你已经有可以将人类送上太空的运载火箭，那你为什么还要制造'战神 1 号'呢？整个计划都将土崩瓦解。"

关于究竟有多少私人投资被用于商业乘务计划的运载工具的开发中，NASA 和两家竞争公司都无法提供给我一份具体的评估。格里芬的担心引起了许多人的共鸣，他们怀疑 NASA 是否只是补贴了那些已经十分富有的太空梦想家们，而不是代表美国人民寻找一个低成本的到达太空的方式。"这种行为将导致的唯一结果就是，技术、运营及商业上的失败，而 NASA 将要为此负责，因为公共资金因此而耗尽。"格里芬在他的演讲中警告说。

卢德斯告诉我，货运项目给了 NASA 在商业乘务计划中按照它的方式推进的信心。"在 2008 年，你知道吗，我们认为货运火箭简直是不可能实现的，"她告诉我，"对于商业乘务计划来说，也是一样的：我们在赌行业会带领我们走出难关。我相当确定在接下来的几年时间里，我们会走出困境。我不知道会是波音公司还是 SpaceX 带领我们突破难关，我也不知道火箭具体会在哪一天升空，但我知道我会赢得在 2011 年打的赌，那会是一件非常奇妙的事情。"

尽管波音与SpaceX之间的竞争加剧，但是蓝色起源公司也并未被美国太空界遗忘。“虽然波音公司参与竞标、胜出并进行投资，是一件好事，但我很清楚，波音永远不会成为我们最终期望它成为的那样——SpaceX的经济对手。”当时的NASA副局长加弗后来告诉我。她回想起，贝索斯曾邀请她参观蓝色起源公司的设计与测试工厂：“他带着我整个转了一圈，很明显他们是在做长期工作的。他们将发动机排成一行，有30个之多。”在参观蓝色起源公司位于得克萨斯州的工厂时，加弗看到了一个和NASA用来测试“土星5号”火箭发动机的测试台一样大的测试台，它能够承受1 100万磅的推力。她问这个项目的经理，一位年轻的工程师，建造这个测试台花了多少钱。他估计大约为3 000万美元。她告诉他，翻新NASA用于测试太空发射系统（Space Launch System）的测试台花了3亿美元。“是的，我知道，”工程师告诉加弗，“我曾经在NASA工作过，而这就是我选择离开的原因。”

他不是唯一的一个。2011年，在完成最后一次飞行后，航天飞机计划宣告终结，其在肯尼迪航天中心的基地不得不进行转变。经过一番周折后，该中心的领导层出台了一项总体规划，即通过出售或租赁多余的硬件和设备来降低成本。能够带来最大收益的是SLC-39A（太空发射中心39A）的租赁权，其中包括发射台、发射塔、加油设备，以及用于在火箭顶部装载卫星和航天器的仓库设施。SLC-39A是“阿波罗号”登月火箭和航天飞机的发射地点。现在，它的租赁权将出售给能够好好利用它且出价最高的人。

最主要的两个竞标者是SpaceX和蓝色起源公司。SpaceX于2013年获得租赁权，预计将使用该场地发射两枚火箭：“猎鹰9号”，以及公司正在开发的一枚动力更足的新型火箭“猎鹰重型火箭”，该火箭拥有3个“猎鹰9号”助推器以及27台发动机，适合深空探索。拿下SLC-39A的租赁权，意味着SpaceX从政府那儿租用了3个不同的发射场地：两个在卡纳维拉尔角，一个在范登堡。但是，马斯克还没完成他的目标：2014 年，他会在得克萨斯州最南端租用一片土地，建造他自己的发射设施。

蓝色起源公司对 NASA 的决定很不满意，并对这一选择表示质疑，理由是它本计划与其他用户共享 SLC-39A，为公众带来更多利益，而 SpaceX 却想获得独家使用权。裁决者站在了 SpaceX 这一边，他们称 NASA 从来没有表达过对排他性的偏好。在 2013 年接受路透社采访时，马斯克对这一决定直言不讳："我认为，SpaceX 公司在未来 5 年里是否会拥有独家或非独家使用权，目前还没有定论。"他说："我并没看到有人想要在接下来的 5 年使用这个发射架……他说这话有点傻，因为蓝色起源公司甚至都还没有造出一艘能到太空的亚轨道飞行器，更不用说是轨道飞行器了。如果要推断他们的进度，他们也许能在 5 年内到达轨道，不过这种可能性很小。"

后来，他解释了对这些可能性的看法，他给一位记者发邮件说："坦白地说，我认为我们在火焰管道中发现一只跳舞的独角兽的可能性会更高一些。"

第 12 章　太空竞赛 2.0

我一点儿也不奇怪，德国已然意识到了火箭产业的重要性……我也不会惊讶，这项研究成为新太空竞赛的核心只是时间问题。

——罗伯特·戈达德，1923 年

SpaceX 诞生于火箭制造商最艰难的岁月里。海上发射公司、欧洲领军企业阿丽亚娜太空公司，以及洛克希德·马丁公司和俄罗斯赫鲁晓夫国家航天中心的合资企业，一直是世纪之交私人卫星发射市场中的主要玩家。但是，科技股崩盘后，在雄心勃勃的卫星企业家的压力之下，火箭制造商因为运载火箭的需求枯竭，被迫大幅降价。它们只能把产品以远低于成本的价格出售出去。

然而到了 2007 年，形势发生了逆转。格温·肖特维尔满世界向潜在客户兜售 SpaceX 的火箭。ULA 的创立，正式结束了人们对新型 EELV 火箭将瞄准商业市场的期望。随着合作进一步发展，由于潜在的政治利益冲突太多，洛克希德·马丁公司退出了与俄罗斯的合资公司共同推销“质子号”火箭的业务。在某种程度上，“质子号”火箭已经被视为一种低质量火箭了。事实上，那不过是洛克希德公司与其合作伙伴业务中的一部分：为了满足不同需求，而销售价格低廉的“质子号”火箭和“宇宙神”火箭的打折套餐。但是，随着国际伙伴关系的瓦解，问责制逐渐衰亡，失败相继发生，其中包括 2007 年 9 月一颗日本通信卫星发射失败所带来的巨大损失。

“虽然俄罗斯航天领域有着令人难以置信的能力和可靠的设计，但它常常会受到质量问题的困扰，”洛克希德公司合伙人马克·阿尔布雷希特告诉我，“尽管我们不能给俄罗斯航天技术公司提供直接的技术援助，但是我们关于质量控制的对话，我们进行独立测试和验证的方法，确实对他们产生了不少影响。可是，一旦与美国航空航天合作伙伴的关系终止，其产品质量下滑的程度将更甚从前。”

波音与一家乌克兰火箭制造商合资的海上发射公司，要价略微低一些。不过，该系统每次将火箭运送到海上的浮式平台都需要花费好几周，这就限制了它每年可进行发射的次数。2007 年 1 月，海上发射公司的火箭在发射后不久被一个“外来物体”撕裂了发动机，随后火箭变成一个巨大的火球。这个事故导致海上发射公司未来发射进度的延误，以及发射保险费率的提高。

这使私营卫星公司没有多少可选项了。阿丽亚娜太空公司是可靠的，但价格非常高昂。日本拥有一枚重型火箭，但它同样价格高昂，而且只专注于本国的国内市场。当大型卫星公司展望未来时，它们计划重振 20 世纪 90 年代发射的寿命为 10~15 年的卫星星座。如果想要避免为限量供应的昂贵选择而竞争，它们需要效仿 NASA 投资培养一种新能力。“猎鹰 9 号”的开发周期与火箭世界中剩余地区的物价上涨和选择权减少同时发生，这使得买家愿意在一个未经试验的系统上投入资金，以便在未来节省成本。

“人们想要成为这一巨大变化的一部分。我不知道当时有没有把它看成一场革命，不过人们希望能有更多机会进入太空，”肖特维尔在谈到不断上涨的价格、海上发射公司以及“质子号”火箭事故时说，“失败对行业来说不是件好事。当人们为‘我们到底怎么才能把这个东西送上太空’发愁时，扩大市场规模是很困难的。”SpaceX 能够提供可靠、低成本的火箭，这对整个行业来说是个好消息。

这个时机，或者说运气，帮助 SpaceX 艰难地获得了 NASA 对“猎鹰 9 号”和“龙飞船”的资格认证。2012 年，在首次轨道对接的 5 个月后，另一架“猎鹰 9 号”被架上了卡纳维拉尔角的发射台上，准备完成正式合同中向空间站运送货物的首次任务。这一次，“猎鹰 9 号”运载火箭运送的不仅是可消耗的食物和水，它还携带了空间站生命维持系统的替换部件、用于进行试验的机械设备，以及装入冰箱中的科学样本。一直渴望最大限度地利用资源的 SpaceX，还为美国轨道通信公司（Orbcomm）在“龙飞船”背后安装了一颗试验卫星。这个有效载荷原本计划安装在“猎鹰 1 号”上，但现在被移到了大火箭上。

尾部划出一道明亮的火焰后，“猎鹰 9 号”离开了发射台。然而，在飞行一分钟后，地面上的观察员就看到一丝亮光闪过，火箭底部喷出一些碎片。9 台发动机中，有一台发动机的推力室在飞行过程中爆裂，有可能是制造缺陷导致的。为了减轻运载火箭的压力，空气动力板自主破裂，变成了观察员看到的那些碎片。飞行计算机关闭了受损的发动机，改写了新的轨迹。火箭虽然速度有所减缓，但并没有停止上升。

这架新造的“猎鹰 9 号”有能力继续上升，直至两级火箭分离。在两级火箭分离后，“龙飞船”被送至与国际空间站进行对接的地点。但是，由于发动机故障，SpaceX 无法将美国轨道通信公司的卫星送至适当的高度，这表明它部分失败了。尽管如此，美国轨道通信公司的团队表示，在卫星燃烧之前，它在低轨道短暂运行了一段时间，这让他们收集到了一些数据。

尽管出现了上述问题，但真正的关键是，虽然失去了一个发动机，这次的主要任务还是成功完成了。这证实了米勒和马斯克的承诺，即他们的火箭可以在这种危险的情况下幸免于难，而自“土星 5 号”以来，没有任何其他火箭敢这么说。随着 4 次轨道飞行成功，SpaceX 已经证明了它的火箭不仅有效，而且还很可靠。

次年，也就是 2013 年，人们将会看到 SpaceX 的“龙飞船”再次执行前往空间站的任务。更重要的是，SpaceX 履行了它的两份商业卫星发射合同。由于此前 SpaceX 只发射过自己的“龙飞船”，这些任务给了它一个机会，证明它的火箭也可以很好地与其他公司设计的航天器进行配合。与此同时，它还能展示 SpaceX 花了 800 万美元自行研发的一款安装在卫星上的保护性碳纤维鼻锥体——整流罩。首先，SpaceX 在范登堡为加拿大国家航天局发射了一颗小型卫星。在那次发射中，SpaceX 还推出了一款新版本的火箭，名为“猎鹰 9 号”1.1 版本，听起来就像是一款迭代的软件程序。这款火箭拥有更强大的发动机，更容易组装，并配有一个更大的燃料箱。

这一升级显著地提高了火箭的动力和效率。它对于 2013 年第二颗卫星的发射意义重大，那是 SES 公司的一颗通信卫星。这对 SpaceX 来说是一件大事，因为 SES 公司是卫星行业中的一家巨头公司，总部位于卢森堡，在轨道上运营着数十颗卫星，并且是一位火箭产品大买家。与大多数重要的卫星公司一样，它投资于最昂贵的卫星——那些被小心放置在围绕地球的超高空轨道上的巨大机器。

超高空轨道又被称为“对地静止”轨道，因为在那一高度的航天器必须以与地球自转速度完全相同的速度飞行。它使得卫星能够覆盖地球上的特定地点。广播公司喜欢这个高度，因为它能提供比一天绕地球旋转 15 圈的低轨道卫星更稳定、更可靠的覆盖范围。由于广播是太空领域中最赚钱的业务，因而将卫星发射到对地静止轨道成了火箭领域中最赚钱的业务。

当然，要想将一颗卫星送到如此高的高度，一枚动力强大的火箭是必不可少的，“猎鹰 9 号”1.1 版本正是绝佳选择。SES 先于其他主要卫星运营商与 SpaceX 展开了合作，这样它就不用只能依靠政府生产的昂贵火箭，来达成它想要的那些目标。因此，这些卢森堡人以不到 6 000 万美元的发射价格，获得了一项在公开市场上可能价值超过 1.6 亿美元的发射服务。2013 年 10 月，卡纳维拉尔角，当倒计时开始时，不仅观看发射的 SpaceX 公司员工们十分紧张，将赌注下在这家高风险的火箭新贵身上的 SES 公司员工也相当紧张，因为他们知道，发射失败不仅意味着损失一颗他们重达 3 吨的昂贵卫星，还意味着他们在未来几年里不得不依靠那些更旧、更贵的火箭。

之前发射这枚火箭的 5 次尝试都失败了，但是在第六次尝试中，当倒计时归零时，火箭的发动机隆隆地响了起来。火箭于日落时分发射，身后的天空仿佛涂上了巴洛克式的紫色油彩，它像一把火焰匕首直直地插入夜空中。又是一次成功的发射，按照现在的公司传统，SpaceX 洛杉矶的员工们在可以俯瞰玻璃控制室的餐厅和阳台上疯狂庆祝。“在 NASA 的帮助下，我们成功拥有了一种让美国最终可以在发射中重新占据主导地位的能力。”肖特维尔当年说。SpaceX 公司拥有了一艘能为 NASA 工作的航天器和一枚可以为私营企业工作的火箭。现在他们要赚钱——真正的钱。当“猎鹰 1 号”试验项目失败，太平洋环礁上四处散落着火箭残骸时，SpaceX 的员工收到了一封又一封来自其他主要公司的前同事们发来的慰问邮件。但是，“猎鹰 9 号”一成功升空，那些善意的举动消失了，SpaceX 的政府关系团队注意到，来自参议员和媒体的批评越来越多。

竞争对手已经无法忽视 SpaceX 了，现在它竞争对手的游说者和公关团队都在努力反击，并且有一个很好的理由：SpaceX 将目光投向了发射领域中最赚钱的项目，它得到了一份价值 190 亿美元的为美国政府执行 5 年太空任务的合同。

除了私人卫星运营商和 NASA 的合同外，埃隆 · 马斯克还希望涉足发射业务中的终极环节：国家安全。毕竟，美国军方和情报部门是世界上最大的发射市场，它们拥有世界上最大，也可以说是最重要的卫星星座之一。在SpaceX成立之初，在它专注于开发“猎鹰1号”和快速发射小型卫星时，军方的极客们就曾为其提供过支持。

SpaceX最终推出的火箭“猎鹰9号”并不符合要求。不过，它是2006年美国空军认可的由垄断巨头ULA生产的火箭“宇宙神5号”和“德尔塔4号”的直接竞争对手。允许EELV项目中的两家竞争公司波音公司与洛克希德公司合并成为一家合资企业的关键决定是基于这样一个假设，即新型火箭不会很快上市。因此，当SpaceX在6年后推出了一款比ULA火箭价格便宜得多的火箭时，那些在承包商会议室和国会山办公室中举行的会议，就变得更加尴尬了。这件事显得尤其尴尬是因为，2009年，奥巴马任命的国防部官员们突然清醒地意识到，他们不明白为什么ULA的火箭价格会持续上涨这一事实。2007年，五角大楼宣布该项目的采购阶段已经结束，这就意味着政府的监管力度更小了。但是现在，美国国防部开始对ULA的生产系统进行了一系列调查，最终目标是找出降低成本的方法。对ULA供应商的调查尤其重要，这次的调查是美国空军下令，由ULA这家垄断企业自己进行的。调查表明，如果政府在5年内下令进行40次发射，火箭制造商就能够打点折扣。

这一有影响力的调查，后来被发现是有缺陷的。外部评估人员发现，这次调查中附有一封信，敦促受访者“力证”为了“促进我们的集体业务”而制定的采购战略的合理性。一位高管告诉审计人员，ULA希望从它所调查的分包商那里“得到一些答案”。但是与此同时，ULA又向政府提供了自相矛盾的答案。在一些报告中，ULA表示，其供应商的产能不足，面临倒闭的危险，可能会需要政府提高补贴，可是，另一些报告又称它们很忙，财务状况也很健康。五角大楼的官员甚至都没有检查调查中的那些数据。

对EELV项目各方面的调查，在2011年达到了高潮，当时美国空军正在考虑为空军和国家侦查局寻找一份为期 5 年的火箭发射合同。负责批准这笔收购资金的议员们询问政府审计人员，美国空军是否有能力购买火箭而不被敲竹杠。答案肯定不会是“是”。他们的报告指出，ULA 报告的成本中，有 20%~60% 都是“未经证实的或是存疑的”，这是一个至关重要的问题。国防部官员和 ULA 都承认，“未来几年内，发射价格可能会大幅上涨”。审计人员建议五角大楼，在拨如此巨额的一笔费用之前，放慢速度，做更多的尽职调查。

“这对这次采购是毁灭性的打击。”密切关注此事的一位游说者告诉我。审计结果公布后，议员们命令五角大楼，将从 ULA 进行的采购作为一项重要的采购项目重新进行认证。这让政府有能力拉开更详细地审视形势的帷幕。这一决定的直接后果被称为“是对《纳恩－麦柯迪法案》精神的严重违背”，面对此种命运，积劳成疾的助手们只能在首都四处奔走，试图维持政府大厦屹立不倒。

以其立法者名字命名的《纳恩－麦柯迪法案》颁布于 20 世纪 80 年代，法案规定如果政府未对预算超支的国防项目立即采取行动，法案有权自动终止该项目。EELV 项目的批评者说，布什政府官员降低报告要求，正是为了避免这种违反规定所要面临的后果。但是，大量资金被投到了发射计划中，想要隐瞒预算超支的事实是不可能的。当华盛顿充斥着关于共和党中的茶党派系与奥巴马政府在公共支出问题上的激烈政治冲突的头条新闻时，想要隐瞒这一点就更加不可能了。这场预算之争，使得美国政府失去了 AAA 级借贷人的评级，并在国防和自由支配方面受到严格限制。

五角大楼 2012 年对 EELV 项目成本将增长 58% 的预测，已然是在大声求救了。ULA 的平均发射费用为 4 亿多美元，是当时 SpaceX 要价的 4 倍之多。从 ULA 购买火箭的支出，将成为国家安全的第四大采购支出，仅次于海军先进的喷气式战斗机、潜艇和驱逐舰。一名试图弄清楚超支原因的国防部评估人员发现，合同结构“意味着资金被有效地花在了闲置人员的身上”。该报告指出，尽管美国航天计划和国际发射市场的变幻莫测产生的某些高成本是不可避免的，但“最终的原因是，由于EELV项目缺乏成本控制，也几乎不会被叫停，因而没有被很好地执行”。

尽管如此，在引入更多的竞争到底会降低成本还是破坏整个发射业务稳定性方面，国防官员之间存在着明显的分歧。作为政府慷慨解囊的回报，ULA可靠地提供了发射服务。很少有人愿意冒险改变现有政策，因为那有可能会冲击美国现有的太空优势。官员们不愿意挑战他们的长期合作伙伴，因而，自满情绪可能也开始滋生。而且，即使官员们倾向于寻求一个更有效的选择，事情也没那么简单：ULA与其母公司波音公司和洛克希德·马丁公司，都拥有重大的政治影响力。两家老牌巨头还有很多理由来保护自己的投资：2011年，波音和洛克希德公司从ULA获得了2亿多美元的资金。当年，虽然这家合资公司在游说方面只花了12万美元，但它的两家母公司总共花费了逾3 000万美元，以获得参议员和联邦官员的支持。相比之下，SpaceX当年的游说费用却低于5 000美元的披露门槛。

批准ULA这家垄断企业成立的政府反垄断监管机构给出的一个条件是，一旦有合格的竞争对手出现，美国空军有权允许它们参与竞争。2010年，SpaceX公司成功发射了“猎鹰9号”运载火箭。但是，美国空军仍未发布与ULA竞争的官方要求。SpaceX的高管们知道他们的火箭能够胜任这项任务，但在空军告诉他们该怎么做之前，他们无法证明这一点。这次竞标要求的发布延误，对SpaceX来说是一个大问题，因为它指望着美国空军履行其公开招标的承诺。马斯克的公司，一家具有真正初创企业风格的公司，将赌注下在现有市场的快速增长能够消化其开发项目的高昂成本上。SpaceX赢得空军业务合同的时间越晚，公司资产负债表上的风险就越大。这次延迟，导致SpaceX在一枚重型火箭及其火星项目上的工作被推迟。到了 2011 年，SpaceX 非常担心在它获得投标资格之前，空军就会签订发射合同。因为，这笔规模巨大的交易，实际上就是为了在项目中期给 ULA 及其供应商提供补贴，如果现在错失加入的机会，SpaceX 就会被屏蔽于市场之外七八年时间，这可能造成数亿美元的损失。

但是，ULA 价格的飙升，以及相应的审查和延迟，给了 SpaceX 一点喘息空间。一位观察人士告诉我，SpaceX 因 ULA 的祸而得福。很简单，如果 EELV 项目兑现了承诺，SpaceX 就不会有机会及时完成火箭的制造，参与竞争。“当它们成立合资公司时，坏的一面是没有竞争了，我们很难打入这个市场，”肖特维尔后来对我说，“好的一面则是，一家垄断企业对于它所服务的行业来说是没有帮助的。而且，永远不会有帮助。我们知道，一旦形成垄断，其火箭的价格最终会变得非常高，价格会持续上涨，而创新速度则会急剧下降。”

在整个 2012 年里，政府审计人员对 ULA 的供应链进行了审查，并努力理解其复杂的双合同体系，一位审计人员称该合同体系集“误导性”和“非凡性”为一体。在这个过程结束时，也就是 2012 年年底，当时的主要采购官员、国防部副部长弗兰克·肯德尔，给美国空军下达了一系列新命令，其中包括引入新的竞标企业。虽然 SpaceX 的火箭还不足以将最大的间谍卫星送入太空，但它仍然预计将会赢得一至两份任务合同。ULA 并没有公开表示不安。“我对 ULA 连续 66 次成功发射的历史非常满意，不知道 SpaceX 迄今为止的成功发射历史如何？”洛克希德公司董事长兼首席执行官在一次公开活动上若有所思地说道，“连续两次？”

SpaceX 的员工们对肯德尔的话信以为真，以为他们有机会展示自己的产品了。SpaceX 终于得到了发射国家安全卫星的机会，并准备进行 3 次认证发射（基本上是例行发射，空军将仔细检查是否有任何故障迹象）。2013 年 9 月，SpaceX 发射了 Cassiope 卫星，12 月，发射了 SES-8 卫星，这也是 SpaceX 首次完成将卫星送入高轨道的任务。SpaceX 将于 2014 年 1 月进行第三次认证发射，结束为期 5 个月的冲刺，进军国家安全业务。

在最后一次认证发射前的一个月，SpaceX 在华盛顿的团队听到了一个令人震惊、沮丧的消息，ULA 在没有任何公开竞标的情况下，获得了一份为期 5 年、价值 190 亿美元的包含 36 次发射任务的合同。这次购买被定位为利用规模经济优势的一种成本节约措施，然而实际节省的成本却微乎其微，从 2012 年到 2014 年的发射成本仅从 3.76 亿美元降至 3.66 亿美元。在抗议中，SpaceX 表示，它可以以 9 000 万美元的价格完成同样的任务，而且不明白为什么它不能竞标预计将在数年后进行的发射任务。然而，国防部官员们承受着必须维持随时供应火箭的压力，而 ULA 告诉他们，失去任何一份长期合同都会使这一愿景受到威胁。

不久之后，随着欧洲地缘政治转向不明朗的方向，美国进入太空的重要性得到了提升。每个太空故事里都有小绿人，但是，这里出现的小绿人却并不是外星人。他们是一群俄罗斯士兵，身着没有任何官方标志的迷彩服，于 2014 年年初突然开始出现在乌克兰。当时，乌克兰的亲俄政府正陷入民众的重重抗议浪潮之中，人民要求这个前苏维埃国家与欧盟建立更紧密的联系。

与俄罗斯之间潜在的冲突，可能是 ULA 与政府达成协议的必要条件：获得巨额报酬，成为进入太空的唯一保证人。

然而，太空工程中的一个缺陷，使得一切前功尽弃："宇宙神 5 号"火箭，ULA 战队的中型运载火箭，使用的竟然是俄罗斯的 RD-180 火箭发动机。这台发动机被认为比市场上的其他发动机都更高效、更强大。（一位 ULA 的工程师告诉我，俄罗斯用于完善发动机的方法与 SpaceX 神似："他们先进行粗糙设计，制造出一台发动机，然后将制造出的发动机搬到测试台上，不断进行测试、调整，直到将其打磨到最佳状态。”）大量购买 RD-180 发动机是使俄罗斯工业基地专注于将卫星送入太空，而不是将弹头送入美国后院的好方法。但是这样的做法，在面对潜在的直接冲突时，似乎会使美国不仅将前往国际空间站的能力拱手交给俄罗斯，还将发射卫星的能力也交给俄罗斯。

ULA 火箭成本的暴涨，SpaceX 的竞争需求，以及来自另一个全球性强国明确的威胁这些线头，在参议院被指控于 2014 年 3 月擅自拨款购买火箭前的一次有争议的听证会上交织在了一起。

这是马斯克第一次在国会作证，而且他也没打算手下留情。恰好坐在 ULA 首席执行官迈克尔·加斯旁边的马斯克等待他递交一份开庭陈述，上面记录了 ULA 的服务历史以及过去两年里公司为向政府解释其账目所做的所有努力。加斯是一位头脑灵活的高管，说话声音沙哑，领导 ULA 长达 8 年时间，马斯克听到加斯在发言中特意指出，只有他的公司能够生产出“完全满足国家安全界独特且专业的标准的火箭”。ULA 的合并得到的教训是，“市场需求不足以支撑两家公司”，那么为什么还要再玩一次失败的游戏呢?

然后，轮到马斯克发言了。当谈及房间中各位议员们的担忧时，他的证词远比 ULA 那位经验丰富的太空高管要直截了当得多。

“空军和其他机构为发射付出了太高的代价，”他说，“自 2006 年以来，依赖垄断供应商的影响本就是可以预见的，这一点现在已经得到了证实。但是，更严重的问题在于，太空发射创新陷入停滞，竞争被抑制，而且价格也已经上升到了空军太空司令部司令谢尔顿将军口中的‘不可持续’的水平。”

马斯克强烈地抨击了 ULA 破坏预算的火箭。他指出，SpaceX 已经成功地完成了私营公司和 NASA，以及美国空军认证的飞行任务。他还指出，SpaceX 火箭的成本仅为 ULA 的 1/4。他要求终止 ULA 每年

10 亿美元的任务保障补贴，因为这些补贴造成了“一个极端不平等的竞争环境”。然后，他打出了最后一记重拳：“‘宇宙神 5 号’不可能‘为我们的国家进入太空提供保障’，因为它的主要发动机的供应取决于普京总统的许可。”

加斯试图回击，他谈起当初导致波音和洛克希德成立 ULA 的成本危机，那些“结束职业生涯”的相关责任人，以及已经改变的采购策略。他否认任务保障合同是一种补贴，并表示 SpaceX 为 NASA 的工作是一种更为舒适的企业安排。这简直是在拿两个完全不同的东西进行比较。NASA 的太空法案确实附带了较少的会计条件，但它们也是固定价格协议，如果公司没有达到要求，合同就可能被取消。

在听证会期间，参议员们来了又走，打断听证进程，并提出那些有效传达他们立场的问题。加州参议员戴安娜 · 范斯坦解释，“所有这些公司都在以不同的形式存在于加州界内”，并指出 ULA 的巨额超支问题。她问马斯克，SpaceX 是否能够及时获得空军的资格认证，马斯克回答“是”。

参议员理查德 · 谢尔比的家乡亚拉巴马州界内存在大量的 ULA 设备，他问马斯克是否会试图让 SpaceX 免受那些适用于 ULA 的审计和会计规则的约束，马斯克回答说“不会”。随后，他又问马斯克是否承认他的竞争对手 ULA 有着良好的发射历史。这位固执的企业家当然不会承认，他指出“德尔塔 4 号”发射失败，以及“德尔塔 5 号”任务中卫星被送错地点的失误。不过，加斯辩解称，如果 ULA 的客户称这个任务成功了，那它就是成功的。谢尔比接着询问马斯克关于 SpaceX 第一次执行国际空间站任务时，由于“猎鹰 9 号”火箭的 9 台发动机中有一台发生故障，其第二颗卫星没有成功进入轨道的情况。马斯克说，那不是一次失败，因为客户对结果是满意的。结果，加斯又跳了起来，说这实际上就是一次失败。谢尔比、马斯克和加斯就各自火箭的质量争吵了起来，就像是 3 个男孩在为他们的玩具而争吵。

尽管 ULA 拥有良好的发射历史，但加斯仍处境艰难。他表示，SpaceX 无法满足某些他不能公开讨论的空军发射要求，因为它们是保密的。他称，马斯克和政府审计员的报价是不正确的，但他手头上没有具体数据可以用来反驳。随后，ULA 将公布它们的火箭成本，尽管其中减去了每年的补贴，但“宇宙神 5 号”1.64 亿美元的成本和重型“德尔塔 4 号”3.5 亿美元的成本，仍然远远高于 SpaceX 的报价。ULA 自创立之初就是一家垄断性企业，虽然加斯通过一系列措施，成功地提供了一项可靠的服务，但他的公司仍然要价极高，因为对它而言，只有成功进入太空才是最重要的。

相比之下，SpaceX 则完全改变了火箭公司的计算方式，就像是硅谷典型的颠覆性故事的缩影一样。ULA 的火箭就像是当初的 IBM 大型计算机：供行业巨头使用的最大、最昂贵的技术工具。但个人计算机或“猎鹰 9 号”火箭的问世改变了行业格局，因为这些新产品最初的性能虽不及它们的前辈，但价格要便宜得多。

听证会以伊利诺伊州参议员迪克·德宾的发言告终。有人问马斯克，如果卫星需求像以前那样再一次放缓，该怎么办。他的回答指向了美国空军和国家侦察局稳定的发射需求：自 ULA 成立以来，美国空军和国家侦察局平均每年都会固定执行 7 次任务。加斯不得不承认，只要有一个“公平、开放的竞争环境，而且每个人都面临同样的要求”，竞争就可以将价格压低。

这几乎是对 ULA 最后的致命一击。毕竟，人们更愿意相信 SpaceX 会持续变得更加可靠，而不是相信 ULA 会突然逆转持续多年的价格上涨。俄罗斯问题正在变得日益突出。亚利桑那州鹰派参议员约翰·麦凯恩致信要求，对 ULA 在负责管理俄罗斯航空航天产业的克里姆林宫官员、普京亲信德米特里·罗戈津成为惩罚性经济制裁目标后，仍依赖于俄产发动机一事发起调查。罗戈津曾在推特上公开嘲讽这一制裁，当时看起来似乎很有趣，但现在看来，这似乎展示了俄罗斯的宣传在社交媒体上有着可怕的影响力。这位狂热的民族主义者威胁，要停止向美国出口发动机，并终止向国际空间站运送宇航员的合作伙伴关系。他还嘲笑美国将不得不用蹦床将宇航员送入轨道。实际上，双方是不会停止合作的。NASA 与俄罗斯联邦航天局（Roscosmos）员工已经习惯了在他们埋头工作的时候，两国的领导人大打口水仗。

压倒 SpaceX 的最后一根稻草出现在听证会后：由于之前已经签订了一系列合同，因此空军不会对 SpaceX 有资格参与的任何一项任务进行招标。而此前空军曾表示，将把允许公开竞标的 14 次发射次数减少到 7 次。这进一步的限制，触及了马斯克和 SpaceX 其他领导层的底线。他们已经尝试过按照规则行事了。现在，为了争取自己发射卫星的权利，他们打算将政府告上法庭。他们将一直起诉美国空军，直至对方考虑 SpaceX 这个价格更低的选项。“我们对此感到很失望，”肖特维尔告诉我，“我们完全被拒之门外，这也是我们之后要提起诉讼的原因。”

这是一个很尴尬的局面。在 SpaceX 的律师们与政府对峙的同时，美国空军却花费 6 000 万美元，并投入 100 名工作人员，对用于军事用途的“猎鹰 9 号”进行了认证。“一般来说，对于那些生意伙伴，你是不会起诉他们的。”谢尔顿将军对议员们说。参议员麦凯恩并未表示特别同情。他指出，ULA 曾于 2012 年因一份价值 4 亿美元的合同，起诉美国空军。将军回答称，那是一场技术性的争端。“哦，我明白了，所以，只要是因为技术上的问题引起争端就没问题咯，”以尖刻闻名的麦凯恩回答说，“谢尔顿将军，当你思考个人、组织或是公司是否有权起诉你时，你就是在贬低你和这个委员会的地位。”

2005 年，SpaceX 使自己置身于一场反垄断诉讼案中，当时其试图阻止 ULA 的垄断，但最终败诉，这次的诉讼要危险得多。虽然成功的反垄断诉讼并不多见，但《联邦合同法》为经验丰富的律师提供了更多能够抓住的线索。现在，SpaceX 已完成了全部 3 次飞行认证，并开始定期执行飞行任务了。国防部副部长肯德尔发布的指令明确规定了允许竞争，但目前似乎并没有竞争可以进行。甚至连 SpaceX 的律师们都为诉讼案初步取得的成功而感到惊讶。在与法官苏珊·布雷登的一次讨论关于诉讼阶段安排的早期会议上，到场的 SpaceX 的几位律师，除了与一大群代表政府的司法部律师见面之外，还见到了 ULA 为了保住这份合同而雇用的另一群代表律师。尽管 SpaceX 在寻找法律支持方面倾尽全力，聘用了传奇诉讼人戴维·博伊斯的公司，但法律资源上的明显差距，让这场诉讼就如同大卫与巨人歌利亚之间的那场对决一般。除此之外，SpaceX 还聘请了奥巴马总统的前新闻秘书比尔·伯顿在公共关系方面提供咨询建议。

SpaceX 的诉状只要求，美国空军必须按照联邦法规，对其发射合同进行招标，并将原计划于诉讼过后两年内进行的大批量发射采购延期。然而，出人意料的是，布雷登法官在会议开始时，提出了另一个问题：司法部是否能够保证，任何支付给 ULA 的费用，不会流到像罗戈津这种受到制裁的俄罗斯人那里？

政府律师们却只准备谈论合同的细节，而不是证明 ULA 的供应链排除了有争议的寡头政治家。尽管他们谨慎地向法官陈述了许多，但法官出乎庭上所有人的意料，发布了一条禁令：禁止从俄罗斯进口更多 RD-180 火箭发动机，直到政府能够保证它不会违反制裁法规。虽然 ULA 表示，它已经在国内储备了足够使用两年的发动机，但这一禁令使这次饱受争议的大批量收购彻底完蛋。

这场花了 SpaceX 整整两天时间的诉讼直击竞争对手的要害。它的竞争对手在法庭上称，这一禁令甚至危及了近期的发射，因为此举会妨碍他们付钱给俄罗斯顾问，以换取支持。一周后，政府的律师出具了来自制裁执行者的信函，证明罗戈津和他所控股的动力机械科研生产联合体（NPO Energomash）被区分后，禁令被推翻。但是，ULA 的弱点现在已经暴露了出来。

马斯克和加斯不断发表针对对方公司的言论。在宣布这起诉讼的新闻发布会上，马斯克强调了美国传统的竞争美德，抨击了 ULA 与被制裁的寡头之间的联系。他指出："很难想象德米特里 · 罗戈津个人，不会以某种方式从汇往俄罗斯的美元中获益。" ULA 的团队则抨击 SpaceX 的挑战，就是对国家安全本身的威胁。"SpaceX 一直试图走捷径，它只是想让美国空军给它盖章认证，"那年夏天，加斯对《华盛顿邮报》说，"SpaceX 总是在说'请相信我们'。我们显然认为这很危险，不过谢天谢地，大多数人也是如此认为。"

马斯克将这场口水仗推到了高潮。这场法律纠纷的中心、批准这次大批量采购的美国空军官员罗杰 · 斯科特 · 科雷尔，在做出决定后不久，便从五角大楼退休了。他随后担任了洛克达因公司的政府关系副总裁一职，该公司是一家与 ULA 关系密切的发动机制造商。毫无疑问，这是旋转门现象[①]在军工复合体中运转的一个典型案例，但马斯克却发布了一系列暗示其中有更糟糕阴谋的推特。

"这看起来很像是 ULA 或是洛克达因公司对这位空军官员说，如果他批准了采购合同，那么这个富得流油的副总裁职位就是他的了，"马斯克写道，"我相信这很可能是真的，因为科雷尔最初想要来 SpaceX 工作，而我们拒绝了他。不过，我们的竞争对手似乎抛出了橄榄枝。"

这显然是一个爆炸性的指控。就在 2003 年，一位名叫达琳 · 德鲁延的空军官员被发现在与波音公司就退休后的工作进行谈判的同时，还参与了政府从这家航空航天巨头公司购买空中加油机一事的谈判。

① 政府官员退休或离职后下海进入企业、学校任职的现象。——编者注

她和她的经理，首席财务官迈克尔·西尔斯因他们在丑闻中的角色而被解雇，并且还被判了短期监禁。现在，对于科雷尔，洛克达因公司立即表示，马斯克的指控毫无根据，科雷尔的雇用完全是光明正大的。科雷尔本人没有对这些指控发表任何评论，也没有采取任何法律行动。

尽管马斯克提出了这一指控，但 SpaceX 并不希望这起案件的细节在公开场合泄露出去。实际上，布雷登法官责令两家公司停止就这一问题与媒体进行对话。但是，对修改后的记录以及政府内部人士的讨论进行仔细检查，就能相当清楚地了解到底发生了什么事。

SpaceX 申诉的实质在于合同授予的确切时间，以及控制钱袋子的国防部政治领导人、空军采购者与国会议员们之间的不同标准。这场政治斗争蔓延到了联邦法院的事实表明，围绕在美国火箭垄断行业的影响力网络已经变得极其错综复杂。布雷登法官拒绝了 ULA 驳回此案的请求，尖锐地指出“法院不要求或不需要 ULA 的意见……在这种情况下，没有理由质疑 SpaceX 在本案中的立场”。相反，她责令空军向 SpaceX 的律师披露 ULA 合同的细节，并命令他们准备一份调解方案，以供最终的调解。最终的调解人将是美国司法部前部长约翰·阿什克罗夫特。政府和 ULA 试图辩称空军签发的合同没有违反肯德尔在 2012 年发布的指令，即通过公开招标购买更多的发射服务，而 SpaceX 已经错过了抗议的机会。SpaceX 说的则正好相反。整个秋季，律师们都在研究复杂的合同和成本估算。这一点至关重要，因为它可以使空军无法再以 SpaceX 无法满足其任务要求为借口，将 SpaceX 拒之门外。

虽然 SpaceX 还没有准备好发射最大的间谍卫星，但许多较小的任务都被公司收入囊中，尤其是最新一代 GPS 卫星的发射任务。

一切都白纸黑字清清楚楚地写在 ULA 眼前。在国会，参议员麦凯恩正在努力推动通过一项禁止进口俄罗斯火箭发动机的法律。乔治·索尔斯曾是“宇宙神 5 号”的主要设计师，他在很早之前就提醒过他的经理应该警惕 SpaceX。他受命领导一个团队制订与 SpaceX 的竞争计划。“这可是件不得了的大事，”索尔斯后来告诉我，“想象一下，这是要将一家创立之初就由政府监管，主要依赖政府资金生存的垄断企业，转变为一家商业化的公司。”

对于 ULA 的母公司来说，这种转变还不够快。2014 年 8 月，时年 58 岁的加斯，鉴于“行业格局的不断变化”，宣布从这家发射垄断公司退休。洛克希德·马丁公司弹道导弹业务的一位高管托里·布鲁诺，被任命为首席执行官，其任务是让ULA更具竞争力。在接下来的一年里，布鲁诺将解雇十几名高管，并开始着手为更广泛的变革做准备，这意味着在未来几年里 ULA 将裁撤 30% 的员工。

但是，变革不仅仅需要对企业进行“瘦身”。如果 ULA 想要开始与 SpaceX 竞争的话，它必须得开发出一款新型运载工具，来取代其两款价格高昂的火箭。公司称其设计的新型火箭为“火神号”（Vulcan），名字仍然来源于希腊神话。它将逐步进行升级，为“半人马座号”二级火箭提供动力。计划听上去很不错，但最大的问题是要迅速开发出一台全新的发动机，因为进口的RD-180型发动机在政治上是站不住脚的。

由于垄断地位岌岌可危，ULA 已经开始考虑大幅削减成本。要想给一款动力强大的轨道火箭发动机投资 10 亿美元左右的资金，就意味着要削减流向母公司的稳定现金流。公开市场很有可能不会愿意拿出资金，帮助一家步履蹒跚的传统公司，与不受历史成本拖累的新公司竞争。

然而，令人惊讶的是，现在有这样一个人，他有足够的资金投到这样一个项目中，而且他的公司已经在与 SpaceX 进行激烈的竞争。他就是杰夫·贝索斯。

蓝色起源公司与 ULA 之间已经建立起一定的联系。当贝索斯的公司涉足 NASA 商业乘务计划时，其打算使用“宇宙神 5 号”运载火箭将其太空舱送入太空。蓝色起源公司业务开发主管之一的布雷特·亚历山大，曾参与 NASA 太空出租车项目的执行，他曾在 ULA 向索尔斯寻求咨询帮助。布雷特还与他的老东家保持着联系，他曾给老东家透露过贝索斯守卫严密的太空公司正在进行“超级神秘”的发动机的开发工作。所以，当 ULA 开始寻找一款新的发动机时，蓝色起源公司给了它一些很有前景的想法，而且，他们还根据 ULA 对“火神号”的偏好调整了自己的计划，为这款更大的运载火箭增加了 25% 的推力。这个工程看起来是讲得通的，但就跟 NASA 的合作一样，达成协议的原因是其承诺自筹资金。

“他们愿意提供给我们的交易，是我们连做梦都想不到的，”索尔斯告诉我，“蓝色起源公司成了我们的一个承担所有开发风险，以及大部分成本的供应商。”

除了蓝色起源之外，还有其他公司被列入考虑清单之中。洛克达因公司加入竞争行列，在一定程度上要归功于这家长期承包商在国会中对 ULA 的支持。但是，很显然，蓝色起源公司占据了最有利的位置，尤其是当 ULA 工程副总裁布雷特·托比对满教室的学生发表的演讲在网上泄露出来后，这一事实显得更加清楚。托比，成了自己坦诚下的牺牲品。2016 年 3 月，托比推心置腹地与科罗拉多大学的学生们分享了从航空航天事业的现状，到政治关系重要性的话题。“总体说来，麦凯恩是不喜欢我们的，”他在录音中如此说，“他和埃隆·马斯克一样，所以，埃隆·马斯克说，‘你们为什么不去追查一下 ULA，然后看看能不能将它们那台发动机取缔呢？’”另外，托比指出，“我们有内部关系，就是我告诉过你们的在亚拉巴马州有大工厂的参议员理查德·谢尔比。”

但是，从商业角度来看，他最具说服力的言论是关于蓝色起源公司与洛克达因公司之间的发动机之争的。

“我们与蓝色起源公司和洛克达因公司的关系就像是，我们是一个准新郎，而它们则是可能成为新娘的人选，”托比说，“一边是蓝色起源公司这个极其富有的女孩，另一边则是洛克达因公司这个家境贫寒的女孩。洛克达因公司参与竞争，并击败蓝色起源这个亿万富翁的概率是相当低的。所以，我们正在将更多精力倾注到蓝色起源公司开发的 BE-4 火箭发动机上。”

观点被媒体发布后，托比不得不从 ULA 辞职，但他所描述的确实是那些没有马斯克或贝索斯这样富有赞助人的公司所哀叹的现实。SpaceX 总裁，之后跳槽到洛克达因公司的詹姆斯 · 马瑟告诉我：“这些资金充足的企业，有着非常、非常长期的计划，并且没有任何短期或中期的投资回报预期。这确实颠覆了传统的商业模式。”

美国最大的航空航天承包商与贝索斯的私人研发部门之间的新合作伙伴关系的建立，表明 SpaceX 为传统的火箭发射业务带来了压力。“如果没有 SpaceX 带来的压力，ULA 是不可能考虑从蓝色起源公司购买发动机的。”SpaceX 发动机专家米勒在后来泄露的言论中表示。这笔交易对 ULA 来说是一笔绝妙的交易。受到威胁的老牌企业找到了一个盟友，而这个同盟却是正在蚕食它们利润的颠覆性公司。2013 年，SpaceX 公司拒绝向蓝色起源公司提供发射平台。现在，就在马斯克的公司让 ULA 这家政府承包商陷入困境之际，蓝色起源开始介入，支持 SpaceX 最强大的竞争对手。如果以前还没有分出敌我阵营的话，那么现在分好了。

可以确定的是，这场干预行动来得还不够快，其无法阻止马斯克将他的公司插入政府发射的竞争行列之中。2015 年年初，ULA 进行了最后一次法律博弈：辩称新近通过的一项拨款法案，严令禁止使用俄罗斯火箭发动机，但同时豁免了 ULA 的合同，因此这次大批量发射采购是得到批准的。布雷登法官再次驳回了这一论点，称 SpaceX 仍有案未决，如果未能达成和解，她准备对此进行裁决。最终，SpaceX 与美国空军达成了一项秘密调解方案。

尽管存在法律纠纷，但和解协议并未将 ULA 的大批量采购订单扼杀在摇篮里。国防部官员最终是不会拿只有 ULA 才能够提供的重型火箭供应链冒险的。由于这个原因，这笔交易可能会被视为 SpaceX 的一次失败。与此同时，这起诉讼的曝光和对交易的详细审查表明，这种模式无法继续下去。不过，SpaceX 声称至少他们在道义上取得了胜利。也许胜利还不止于此：由于官方提前将更多可选择的发射订单转为竞标，大批量发射采购的预估成本会降至 110 亿美元。

SpaceX 提前获得了认证机会。2015 年晚些时候，该公司将获得为美国空军发射 GPS 卫星的权利，这是该公司首次成功竞标国家安全合同。这标志着 ULA 在美国国家安全发射领域垄断地位的终结，这对 SpaceX 来说是一个重要时刻，因为 SpaceX 自创立之初就一直受到 ULA 的嘲笑。

马斯克的公司现在可以为所有有求者发射卫星，并通过 NASA 商业乘务计划推动载人航天的发展，尽管预算削减导致首次计划中的发射任务推迟了一年。然而，这对马斯克或者 SpaceX 团队来说，还远远不够。“如果我们所追求的只不过是成为另一个卫星发射商，或是降低发射成本，嗯，那只能算是还不错，但在我看来真的算不上是成功。”马斯克在 2007 年说道。到 2015 年，他的公司正在朝着全面开拓太空版图的路上进发。为了真正改变游戏，为了使火星移民变得切实可行，SpaceX 必须做一件从未有人做过的事情。它必须让火箭可重复使用成为可能，以降低成本，不仅仅是通过提高效率，而是通过完全的范式转变。对于马斯克和他的团队来说，这一至关重要的事实是显而易见的。而且，贝索斯和他的团队也很清楚这一事实。这就是为什么马斯克在起诉美国空军的同一年，还将贝索斯的公司告上了法庭。为什么？

因为，蓝色起源公司申请了使火箭在船上着陆的专利。

第13章　减少，回收，再利用

如果将重复使用视为打破发射领域创新困局的全部，那将会是一个错误。

——阿丽亚娜太空公司首席执行官
斯特凡纳·伊萨列

SpaceX 自创立之初，就一直专注于一种相当明显的直觉：如果我们使用完火箭后，不将它们丢掉呢？

几乎所有的火箭，都被设计成一次性使用的航天器。航天飞机，是唯一一种可重复使用的航天器。但是，它主要是通过在飞行过程中丢弃其固体燃料火箭助推器和巨大的固体燃料贮箱，来达到重复使用的目的。航天飞机的助推器会掉入海中，然后被回收、翻新和再利用。可是，发射卫星的火箭仍是完全一次性使用的。选择一次性火箭的理由十分简单：火箭在飞往轨道的过程中能够犯错的空间极小，要知道，大多数太空飞行器的质量中有 85% 是推进剂，为了让火箭能够重复使用而增加任何部件，都会增加火箭质量，进而进一步减小误差范围。要把火箭完整地送回地球，会使其暴露在重返大气层的恶劣条件下，而这可能会使火箭产生相当严重的损伤，从而令可重复使用性变得毫无意义。

火箭制造商也认为投入资金解决这个问题是不值当的，因为没有足够的发射需求来证明这一支出的合理性。制造一次性火箭，比投资制造可重复使用的火箭要更便宜，除非你认为你能够比之前更频繁地进行发射。2015 年，时任 ULA 副总裁的乔治 · 索尔斯，被 SpaceX 的这一想法所吸引，并试图搞清楚他们是否已经成功做出了什么。他不可置信地离开了。

“你真的能将火箭回收，再用比制造一枚新火箭更低的成本翻新它吗？”索尔斯反问我，“我做了很多分析，我确信，至少以现在的技术水平来说，答案是否定的。”其他大型火箭制造商的高管也赞同这一观点。

马斯克和他的团队自始至终都不赞同这一观点。如果他要花那么多自己的钱，尤其是在昂贵的发动机上花那么多自己的钱，他才不准备用完就扔呢。更重要的是，为了实现他的野心，可重复使用火箭是大幅降低发射成本的唯一方法。马斯克做了一个简单的类比：制造一枚火箭的成本与一架 737 客机的成本是相当的，但是由于火箭在仅使用一次后就会被扔掉，所以每次飞行的成本就比 737 客机要高得多。制造一枚火箭的成本约为 5 400 万美元，但“猎鹰 9 号”每次飞行所用推进剂的成本仅为 20 万美元。哪怕公司只能够重复使用第一级火箭，预计也能将火箭价格降低 1/3。虽然，SpaceX 的一次性火箭的成本已远远低于其竞争对手了，但是高效的可重复使用火箭将从根本上结束竞争。

对于“猎鹰 1 号”，SpaceX 公司的工程师最初的设想是，第一级火箭将能够通过降落伞返回地球，然后从海上被回收。但是，火箭测试所面临的挑战，以及这款火箭的最终退市，使得这一计划并未实现。随着“猎鹰 9 号”的研发，SpaceX 意识到降落伞是不足以让重达 20 吨的第一级火箭返回地球的。想要从太空归来，我们又不得不回到到达太空所涉及的物理学基础。记住，你的飞行器速度必须超过每小时 17 500 英里，才能停留在轨道上。要想回到地球，你只能以极高的速度重返大气层，除此之外你别无选择。当飞行器以极高的速度冲入大气层时，会一头撞上前方的空气，这会将气体紧紧地压缩到一起，并让空气温度变得极高。虽然，制造能够承受重返大气层时所面临的物理力量的金属结构相对容易，但处理高温却是一项非常艰难的工程挑战。

太空飞行器通常是利用其特殊的外形将热量从关键区域转移到外部的，然后使用特殊材料将这些热量吸收。在打开降落伞前，“阿波罗号”和“联盟号”太空舱会用舱腹吸收重返大气层所产生的热量。体积更大且可重复使用的航天飞机，则依靠它的隔热罩来吸收阻力，然后在着陆跑道前，在一系列大转弯中减速。即使如此，使用航天飞机仍然需要高度小心，不仅仅是因为“哥伦比亚号”的灾难暴露了防护装置是多么脆弱的现实，还因为最终实践证明，翻新它的费用远比预期的要高得多。

SpaceX 的竞争对手预计，这些太空新贵将会得到同样惨痛的教训。“另一位我不方便透露姓名的发射供应商总工程师当着我的面明确地说：‘你永远都不可能回收第一级火箭。’”2017 年，欧洲卫星巨头 SES 首席技术官马丁·哈利维尔说道，“那是不可能做到的，即使你真的这么做了，收回的火箭也会是彻底损毁了的。”

除了降落伞和隔热罩之外，还有第三条路可选，至少在理论上可行。这就是“反推进”，也就是使火箭在火箭发动机产生的热气流的推动下倒着飞向地球。这是科幻小说黄金时代的标志性画面。这项技术曾用在阿波罗着陆器上，不过，月球上的大气非常稀薄，在大气层较厚的行星上尝试这项技术，危险会大得多。好消息是，如果 SpaceX 能够依靠动力飞行来减慢火箭的速度，它就不需要那么昂贵的隔热罩了。对于 SpaceX 在火星上建造城市的更大目标来说，反推进也是一项至关重要的技术。

“如果你想要将人类送到火星上，你就得在火星上建造一栋两层楼高的房子。”前 NASA 首席技术专家、现任科罗拉多大学工程学院院长鲍比·布劳恩，告诉我有关在火星上生存的登陆计划时说道。此外，他还说，火星殖民者必须“紧挨着另一栋两层楼高的房子着陆，而这栋房子必须是预先布置好的，它应当有电力供应，并且储存了人类在火星上生存所需的所有燃料和食物”。

事实证明，将质量大的物体送到遥远的星球上，对于 NASA 来说是异常困难的。迄今为止，NASA 发射的最大质量的有效载荷是近 2 000 磅的“好奇号”火星探测器，该探测器于 2012 年登陆火星。这一探测器包含一套非常复杂的组合装置，其中包括隔热罩、降落伞，以及一台用于将探测器降到地面的起重机。开始，NASA 工程师们一直不敢使用火箭运送有效载荷，因为他们对这种飞行器的性能还不太了解。当 SpaceX 开始在大气层中以超音速试飞“猎鹰 9 号”时，正在策划火星飞行任务的 NASA 科学家得到了它分享的数据。

“有了超音速反推进技术，我们没有理由相信登陆任务会失败。但是，我们也没有理由相信它会成功，”NASA 的一名研究员米格尔·圣马丁告诉我，“按照 NASA 的办事风格，我们得进行一个大型的测试项目。不过，埃隆·马斯克先测试了。如果他成功了，那么我们就省事儿了。”

2011 年，在对“猎鹰 9 号”进行发射测试后，SpaceX 从喷气推进实验室聘请了一位工程师——拉尔斯·布莱克莫尔。毕业于麻省理工学院的布莱克莫尔是设计为自动驾驶运载工具在极端环境中导航的软件方面的专家。他曾主持过为深海潜水机器人提供导航的学术项目。在喷气推进实验室，他曾编写了一条指导“登陆者号”登陆火星的关键算法。拉尔斯的研究生导师也是一位 NASA 资深工程师，他曾说布莱克莫尔本可以成为一名出色的教授，但他却选择了加入 SpaceX，因为 SpaceX“为当代工程师提供了一个实现梦想的机会”。在 SpaceX，他的工作是使“猎鹰 9 号”完好无损地返回地球。

那一年，布莱克莫尔开始了在得克萨斯州发射场的工作，其参与了 SpaceX 一个名为“蚱蜢”的太空项目。这个项目会让人联想到之前的 DC-X 火箭。“蚱蜢火箭”只有 100 英尺高，固定于金属支架上。2012 年

9月，火箭第一次升空。一年后的测试中，其成功飞行了3/4英里。到了2014年，可重复使用项目的工程师为“蚱蜢火箭”配备了“猎鹰9号”火箭的第一级以及4个可伸缩着陆腿。火箭飞上了3 300英尺的高空，返回时，火箭在空中盘旋了一阵，接着便轻轻地降落在着陆架上。在一次测试中，着陆腿着火了，路过的末世论者看到了《圣经》中所描述的那种燃烧的剑悬于半空中的景象。在另一次测试中，一个堵塞了的传感器导致火箭偏离了安全区域，而自动化软件为了防止火箭危及其他人，将其引爆了。爆炸引起了当地居民的兴趣，以及来自媒体的批评，但这并没有吓倒工程师们。

这些试验给工程师们，以及控制火箭的算法上了宝贵的一课，他们得到了许多关于如何调整发动机，以应对运载火箭位置和周围环境变化的经验。他们采用了斯坦福大学计算机科学专家开发的复杂数学软件，以便使制导计算机找到一条安全返回地球的路径，预想的误差非常小，足以保证火箭在下方65英尺范围内的椭圆形地面上软着陆。

然而，试验时的静风条件和较慢速度，与火箭从太空向地球坠落时的情况大不相同。他们需要更多的数据，而务实的SpaceX团队已经在执行任务期间收集了这些数据。2013年，在“猎鹰9号”完成首次卫星发射任务之后，助推器有了自己的第二项任务：返回海洋。尽管回收没有完全成功，因为助推器失去了控制，一头撞进了太平洋，但可重复使用项目团队仍然获得了许多宝贵信息。

开阔的海洋，不仅仅是一个让火箭从太空坠落的安全场所。为了可重复使用，它其实是火箭必须着陆的地方。大量的计算已经证实，尽管将助推器送回其发射台附近的地面可能会更理想一些，但物理学常识却不允许这样做。当火箭升空时，它们不会一直沿直线上升，它们会在一定的摇摆中进入选定的轨道。执行低轨道上的飞行任务时，如将有效载荷送往国际空间站，火箭会有足够的燃料飞回着陆点。但是，执行那些前往太空更深处的任务时（它们的数量更多且更有利可图），仅仅是完成任务，火箭就需要用光几乎所有的燃料。完成任务后，火箭无法返回陆地着陆，只能通过降落海上的方式返回地球，比如说，降落到一个浮动的着陆台上。

这就是为什么 2014 年，SpaceX 会在法庭上对蓝色起源公司的专利提出质疑。总的来说，SpaceX 并不认为专利对保护其知识产权是有用的。马斯克认为，它们在很大程度上是一种向竞争对手，尤其是向那些在美国境外的竞争对手，炫耀他独特成就的一种方式。相反，蓝色起源公司的确很喜欢专利。

2010 年之后，蓝色起源公司重新崛起的一个公开迹象就是，可重复使用火箭所需部件的专利申请数激增，如可操纵发动机、轻型构造方法和制导技术。正如将殖民火星所需的重型设备送入太空，激发了 SpaceX 对可重复使用火箭的渴望一样，贝索斯将人类文明送入太空的愿景促使其致力于将工业生产能力转向太空。贝索斯拥有许多与亚马逊市场和订阅服务有关的专利，但他只在蓝色起源公司的一项专利中，署了自己的名字：太空发射运载工具的海上着陆以及相关的系统和方法。

这项专利适用于一种可重复使用航天器，该航天器的工作原理是从海上起降，发射货物后，调转发动机推力方向，再返回地球，最终降落于海上的浮式平台，而这正是马斯克和他的团队打算在“猎鹰 9 号”上运用的技术。SpaceX 的律师们开始担心，即便他们击败了竞争对手（看起来极有可能），公司也会很容易陷入诉讼困局。所以，为了抢占先机，他们在法庭上对这项专利提出了质疑。而且，为了证明海上着陆这个想法根本就不是蓝色起源公司或是 SpaceX 所独创的，他们还在法庭上对这一想法的历史进行了简略的讲解：早在 1998 年，一位日本工程师就对这一想法进行了较为详细的介绍。

这是两位研发火箭的亿万富翁之间的又一场冲突，而马斯克又一次占了上风。2015 年年初，处理关于海上着陆这一专利质疑的法官们发现，蓝色起源公司的要求主体太过于宽泛，不适合申请专利。法官们驳回了审查剩余两项条款的请求，因为其描述过于“模糊”，以至于他们很难做出判断。虽然法官驳回了 SpaceX 的申请，但是，实际上这是一场胜利：一项被认定为“模糊”的专利，在联邦法院中是站不住脚的，这一裁决为 SpaceX 未来免受蓝色起源公司的诉讼影响，提供了一定程度的保护。现在，这只是一个火箭着陆的问题了。

在 2014 年内进行的一系列发射中，SpaceX 不断打磨“猎鹰 9 号”的可重复使用性。工程师们反复引导火箭，在燃料耗尽、沉入海底前，于海上一个特定地点的上空盘旋，然后展开 4 条着陆腿进行降落。2015 年年初，SpaceX 推出了两项新发明。一项是栅格翼：安装于火箭两侧的 4 只类似于金属蜂巢的机翼。它们最初是用于洲际弹道导弹的，其能够通过改变火箭周围的气流来旋转和操纵火箭。另一项是两艘无人驾驶的大型驳船，它们可以在无人驾驶的情况下接收助推器。SpaceX 给每片海洋各准备了一艘，常驻在范登堡附近太平洋上的那艘船名为“请看说明书号”，而常驻在卡纳维拉尔角附近大西洋上的则是它的伙伴“当然我还爱着你号”。这两个名字取自马斯克喜爱的讲述神奇的人工智能飞船在星空中遨游故事的科幻小说。

第五次国际空间站任务一切顺利，SpaceX 首次尝试用“当然我还爱着你号”回收发射的火箭。马斯克警告媒体，这只是一次试验，SpaceX 并没有指望它会成功。它当然没有成功。由于进行了数次航向的调整，控制栅格翼的液压系统内的液体耗尽。助推器从空中高速落下，掠过浮式平台的边缘后，在海浪中爆炸。在四月的另一次试飞中，火箭已经轻轻地降落在浮式平台上了，但是其中一台发动机阀门关闭得有些太迟了，额外的动力使得火箭翻倒、爆炸，变成碎片散布在蓝色的海水中。在之后的一次失败中，马斯克用了一个委婉的说法解释其原因：RUD，即“意料之外的快速解体”（Rapid Unscheduled Disassembly）。

SpaceX 在社交媒体上分享了关于这些失误的视频；将“猎鹰 9 号”第一级火箭降落在无人驾驶的驳船上的各种惊险的尝试，将成为 SpaceX 粉丝们和员工们心中的标志性事件，尽管其造成了一系列火箭试验灾难。SpaceX 在互联网上直播其发射过程的决定不同寻常，让公司内部工程师对发射的每一步进行详细解释的决定亦是如此。这种公共策略有助于展示 SpaceX 取得的技术突破，即使这为那些不明白这些仅仅是试验，以及故意忽视这一事实的人创造了进行批评的机会。

与 SpaceX 不同，蓝色起源公司采取了相反的宣传方式：先秘密进行试飞，之后再宣布结果。2015 年 4 月，在 SpaceX 助推器坠入海中的几周后，贝索斯的团队终于有了一些值得分享的成果。蓝色起源宣布，自 2003 年就开始讨论的“新谢泼德号”运载火箭首次发射成功。贝索斯在控制室内注视着，短粗的火箭和太空舱被架到 50 英尺的高度。发射后，在与空置的太空舱分离前，火箭在空中向上飞行了 58 英里，然后沿着弹道轨迹飞到了太空边缘，最后，打开 3 个降落伞，安全降落到沙漠里。

贝索斯在公司网站上发布的最新消息中表示，如果他们是在制造一枚一次性火箭，那么此次测试可以被算作完美。“由于降落时液压系统失灵，我们没能收回助推器。”换言之，就是“新谢泼德号”直接摔到了地面上。此故障与“猎鹰 9 号”首次海上降落时出现的故障很类似，这些试验表明两位企业家都在关注自己想要的工具。

但是，两家公司所提供的产品之间的量级差距很大。“新谢泼德号”的确称得上工程学上的奇迹，但它的动力仅与 7 年前的“猎鹰 1 号”差不多，而且也没有能够以轨道速度将卫星送到目的地的第二级火箭。“新谢泼德号”的飞行速度是音速的 3 倍，而“猎鹰 9 号”的飞行速度是音速的 6 倍以上。“乘坐一枚火箭返回地球才称得上真正意义上的航天飞行。”太空历史学家戴维·伍兹在一次采访中说。蓝色起源公司的运载火箭，还没有体验过比它更大的SpaceX火箭，在一百万磅的推力驱动下，穿过大气层时所面临的那种巨大阻力，因此这只能算是一个相对较小的成就。也许正因如此，贝索斯指出，他的团队将把从“新谢泼德号”上学习到的经验教训，应用于一枚更大的火箭上，该火箭将采用蓝色起源公司为ULA下一枚火箭所制造的发动机。

SpaceX与蓝色起源公司在业务范围上的差异，是有意为之的，而且很明显。贝索斯的公司并没有投身于那些太空产业中已经存在的市场，如马斯克的团队深耕的卫星发射领域。由于其创始人拥有巨额财富，蓝色起源公司可以致力于为太空旅游业打造一个前无古人后无来者的新市场。2015年，蓝色起源开始将感兴趣的各方列入邮件发送清单中，推销其“宇航员体验”。“新谢泼德号”完美的设计，能够很好地实现这个目标：“新谢泼德号”是一枚十分温和的火箭，可以用太空舱将公众带入太空，而这款太空舱，蓝色起源承诺，其表面1/3的面积都将是大落地窗户。这一想法，可以追溯到贝索斯同样在亚马逊所呼吁的“客户至上”理念。现在，他可以赢得一个新的市场，但前提是，他的火箭必须能够成功地重复使用，以降低票价，并且安全到足够说服人们乘坐。然而，关于商业航天飞行中的狂妄自大，有着太多警示。

第 14 章　挑战极限

我第一次休假一周时，轨道科学公司的火箭爆炸了，理查德·布兰森的火箭爆炸了……我第二次休假一周时，我自己公司的火箭也爆炸了。事实告诉我，不要休假长达一周。

——埃隆·马斯克

2015 年 6 月 28 日，“猎鹰 9 号”在执行第七次国际空间站任务时爆炸，这在卡纳维拉尔角的控制室和 SpaceX 的总部中掀起了轩然大波。成千上万的粉丝在 YouTube 上观看 SpaceX 的发射直播，眼看着火箭在升空仅一分半钟后，于大气层中解体。这是“猎鹰 9 号”的第 19 次飞行，也是 SpaceX 历史上第一次真正的操作失败，因为之前的每一次失败在某种程度上都可称为试验。

“最艰难，但却最好的方法是，拿起电话，马上给他们打电话，”格温·肖特维尔回忆说，“你没有别的办法。因为你炸了火箭，还炸了‘龙飞船’。”

也许，最难之处在于，你没有别的消息要告诉他们。火箭的高速特性和机械的复杂性，使得在工程师们花几周时间仔细分析这次故障中的 3 000 条数据前，你无法知道到底哪里出现了问题。他们从各个角度观看了发射录像，并仔细检查了能够从海中找回的每块残骸。

事故发生后，在美国空军和海岸警卫队封锁爆炸覆盖范围和下方的海洋区域的同时，马斯克和他的工程师们通过邮件来回沟通，试图深入了解到底出了什么问题。SpaceX 的团队已经在收集信息，以及找出爆炸产生的原因。

“火箭发生爆炸，这很可怕，但也不是闻所未闻，谁都不希望事情朝着那个方向发展。但是，毕竟你需要利用爆炸产生的一百万磅推力，”肖特维尔用手朝着旁边划着演示给我看，“为了获得那一百万磅的推力，你得使用能将推进剂压入发动机的高压氦气系统，这件事情的难度真的很大。”

事故发生后的一个半小时，马斯克在推特上说：“此次事故的原因是，第一级火箭的液氧罐压力过高。数据表明，这是一个违反直觉的原因。这是我们现在唯一能确定的一个原因。在进行彻底的故障树形图分析后，我们将会给出更多关于事故原因的解释。”不过，埃隆就是埃隆，他还抽出时间，用一句简短的“谢谢：)”回复了一个粉丝的慰问。

爆炸，不仅仅是 SpaceX 和 NASA，也是“太空服务”这一更宽泛的理念所面临的重大问题。这是太空出租车计划遭受的第二次打击了。在上一个秋天，也就是 2014 年 10 月，轨道科学公司进行了“安塔瑞斯号”火箭和“天鹅座号”太空舱的第五次发射，它们均是在 NASA 资助下制造出来的。在弗吉尼亚州沃洛普斯飞行中心的一次发射过程中，发动机中的一个涡轮泵在升空后仅 6 秒就破裂了，由此引发的大火摧毁了整个运载火箭和发射台。

与洛克希德·马丁公司和它的“宇宙神 5 号”一样，轨道科学公司也走上了使用苏联遗留下的发动机的道路：其使用了 NK-33 型发动机。这些发动机在 20 世纪 60 年代被设计出来时，是最先进的。从那时起，数十台这种型号的发动机就被存放于仓库之中。在轨道科学公司选定它们作为“安塔瑞斯号”火箭的发动机之前，已经有若干不同的美国火箭设计项目考虑过使用它们。

这并没有给马斯克留下深刻的印象，因为这位花了 10 年时间通过自学成为火箭工程师的企业家，有足够的自信嘲笑这一决定。“我们的竞争者之一——轨道科学公司，拥有一份为国际空间站提供补给的合同，但他们的火箭听起来真像是笑话中的笑话，”他告诉《连线》杂志，“他们使用的竟然是苏联在20世纪60年代制造的火箭发动机。我不是说他们的设计是继承于60年代的技术，而是说他们的发动机真的是在60年代制造出来的从西伯利亚的某个地方打包送来的老古董。”不幸的是，他的嘲笑是有前瞻性的。

NASA一直以拥有两艘能够为国际空间站服务的新航天器而自豪，并且期待着使美国火箭重返载人航天领域。但是现在，它没有可用的运载工具了。

如果SpaceX像轨道科学公司一样，长时间不能执行任务，这将给在轨道上的宇航员们带来巨大的压力，因为他们缺少两艘既能维持食物供应，又能让他们忙于研究项目的航天器。（虽然日本和俄罗斯的航天机构也会向空间站运送补给，但俄罗斯的补给机器最近也出了故障，要在时间表上增加额外的飞行并非易事。）

NASA首席航天主管比尔·格斯滕迈尔告诉我，他花了大把时间帮助决策者们做好SpaceX和轨道科学公司可能会出现发射故障的心理准备，这样使得两家公司在发射失败后，能够更快地恢复发射。“我想避免那些发生在我世界中的事情：一旦失败，就会面临大型调查，它会持续3年时间，直到我们解决每一个问题。”他告诉我，“我没有办法容忍这些事情发生在我们的供应商身上。我想让他们的运载火箭越快升空越好。我就是想告诉大家，我们是故意冒高风险进行这些发射的，因此失败是无可避免的。”

长时间的停工，还会使主张通过传统的太空项目将人类送上轨道的NASA商业化途径的政治反对者们，赢得更高的可信度。当SpaceX将其火箭发射升空时，轨道科学公司仍未为其火箭爆炸找到一个令人信服的原因。轨道科学公司本计划于项目中期这个ULA等着看笑话的时刻，用“宇宙神5号”将公司开发的“天鹅座号”宇宙飞船送上太空。轨道科学公司相当乐意进入其商业竞争对手失败的领域，并宣传其对可靠性的关注，而NASA还称赞轨道科学公司找到了一种创造性的方法，来维持供应的稳定。

“我知道，当别人失败时，有些人会幸灾乐祸，这是人的本性，而且我们处于一个竞争非常激烈的环境中，”肖特维尔几年后说道，“当其他人失败时，我不会拍手叫好，我一点儿也不会觉得高兴，但是行业内有人会……尽管ULA首席执行官托里·布鲁诺在我们失败时，向我表示了慰问。”

事故发生后不到一个月，马斯克向记者透露了事故调查委员会的进展情况，以及查明了的事故原因：外部承包商供应的一根金属支柱在远低于其承受范围的力的作用下发生断裂，一个高压氦气罐因此在运载火箭内部发生回弹。这一事件被认定为“意外”，因为没有人员伤亡或是公共财产的损失。如果后果再严重一些，其就会被认定为“事故”，并由NTSB（美国国家交通安全委员会）对此开展调查，调查的透明度和独立性都会更高。事实上，事故调查涉及的11名SpaceX员工和一名FAA官员，并未在最终报告上签字。轨道科学公司的失败，也被认定为“意外”，由两名NASA员工和一名独立专家组成的委员会进行事故调查。部分SpaceX的批评者，对得出最终解释结论的过程持怀疑态度。NASA的另一项调查发现，除了外部承包商的金属支柱问题外，还有几个“可信的原因”，其中包括“组件安装不当”，以及“在组装过程中，曾有人站在飞行硬件上”。如果这是真的，那么当初NASA项目经理迈克·霍克切克所担心的事就成真了：当公司从开发转向运营时，会出差错。这些指控激怒了SpaceX的员工。SpaceX的一位员工坚定地告诉我：“任何从事与机体、火箭或是其他硬件有关的技术人员，都需要从它们上面走过去，这与支柱断裂没有关系。工程师委员会和 FAA 经过投票，确定火箭爆炸最有可能的事故原因为材料缺陷，而非有人站在支柱上。不过，在投票结束后，格斯滕迈尔给 SpaceX 发出了一封训斥信，“表达了对公司系统工程和管理实践、硬件安装与修理方法，以及遥测系统的担忧”。

无论自尊心是否受到伤害，SpaceX 都不得不与它最重要的赞助人和客户 NASA 搞好关系。SpaceX 因此失去了部分发射费用，约为 4 400 万美元，它不得不重新进行合同谈判，用折扣来换取未来更多的发射，并为“龙飞船”增加一些额外功能，比如提升飞行动力。公司还在首席工程师汉斯·科尼斯曼的带领下，进行了一次重组，以组建可靠的团队来承担设计、制造和运营板块更多的责任，以及进行更加严格的记录保存。SpaceX 的员工称，那是一段压力巨大的时期，员工不得不从他们的主要工作中抽身，重新对“猎鹰 9 号”运载火箭进行全方位的检查。有时会发现制造某些零部件的员工已经从公司离职，尽管如此，团队将“重新审视每一份文件，每一项设计，并重新进行评估，以确保我们没有走错路”。当时参与“龙飞船”项目工作的艾琳·贝克·阿肯告诉我。

两次意外事故发生后，NASA 监察长对商业货运项目进行了检查，他表示，NASA 可能会从 EELV 项目在任务保障方面的演化过程中，吸取一些经验教训。值得注意的是，NASA 并没有采取与美国空军相同的解决方案：支付额外费用，以成本加利润的合同形式来换取更高的可靠性。与之相反，是 SpaceX 自己掏钱增加了那些新的组织层次。这还不是 SpaceX 唯一的损失：它寻找火箭问题所在，并进行内部改革时，造成了几个月的延误，这意味着推迟发射，以及发射所带来的收入。

“对 SpaceX 最大的惩罚是，发射率的降低，”那年夏天，马斯克告诉我，“如果火箭不升空，我们就会失去与此相关的收入……由于潜在的延迟而产生的数亿美元的发射收入损失，意义重大。”之后披露的财务报告显示，事故后 SpaceX 损失了 2.5 亿美元。

SpaceX 将推迟其猎鹰重型运载火箭的发射，但它不想推迟一个被认为对公司未来更为重要的项目：可重复使用火箭。

自 2005 年理查德 · 布兰森成立维珍银河公司以来，他一直努力兑现对 X 大奖和“太空船 1 号”的商业承诺。维珍银河公司的部分灵感，来源于布兰森在航空业中的经历。布兰森的航空业务始于 1984 年，当时飞往加勒比海岛屿的航班被取消，他便自己租了一架飞机，并将机上的座位卖给了其他心有不满的乘客，随后他意识到自己可以大规模地做同样的事情。布兰森以音乐经纪人的身份发家致富，然后又将其厚颜无耻的触手伸到了一系列利用其品牌的风险投资中，从零售商店到酒店，再到游轮。在航空业中，他通过设计时髦的体验和市场营销活动来增值，但他所使用的飞机与其他人在波音和空客公司购买的飞机并无不同。

他试图让维珍银河公司采取同样的商业模式，但到目前为止，“太空船 1 号”的市场仅限于保罗 · 艾伦和 X 大奖。为了获得一艘母船和一架载人航天飞机，布兰森与伯特 · 鲁坦的缩尺复合材料公司成立了一家合资企业，名为 TSC（太空飞船公司）。该公司将致力于为维珍银河公司，以及也许在不久的将来会进行销售和运营的其他“太空航线”，制造飞行硬件。也就是说，鲁坦的缩尺复合材料公司团队正在为其开发硬件，而布兰森的市场营销人员则负责承诺这一切会实现。

TSC 正在开发的这款新型、更大的航天飞机，面临着与之前的运载火箭同样的一些问题：很难找到足够小、动力足够强大的火箭发动机。鲁坦和他的团队仍热衷于开发固液混合火箭发动机。这种发动机将固体火箭发动机和液体火箭发动机结合在一起，一旦太空飞船从母船“白骑士 2 号”上脱离，发动机便会点火。公司使用一氧化二氮作为发动机的氧化剂，那是你在看牙医时可能会喜欢的麻醉剂——笑气。

2007 年的一天，TSC 的工程师们开始在莫哈韦机场测试一氧化二氮高压泵送系统。那是一项“冷流”测试，目的是检查以前用过几次的管道。由于并未计划点燃任何东西，因此，11 位工程师在距离测试地点仅几英尺的地方，而非保护性土堤后的指挥中心观看了测试。然而，在测试开始后的几秒钟，贮箱和设备发生了爆炸。两人当场死亡，第三个人在到达医院后不久死亡，另有 3 人受伤。

事后，震惊的鲁坦对记者发表了讲话。“我们本以为那是完全安全的，我们用‘太空船 1 号’做了很多次这样的事情，”他说，“我们也不知道为什么会这样。”

时至今日，我们仍然不清楚到底是什么导致了爆炸。一氧化二氮一直被认为是相当稳定的气体，不过，如果它与某些化合物发生反应或遇到高温环境，也确实是会爆炸的。这次测试是在沙漠中一处炎热的混凝土柏油路面上进行的，这可能就是这起事故发生的原因之一。而有些专家则认为，是因为贮箱本身已经受损。由于 TSC 未对员工进行处理该化合物的培训，也没有制定处理该化合物的书面安全程序，加州的国家安全局传唤了缩尺复合材料公司。抛开事故发生原因的诡异性不谈，这场事故表明鲁坦的团队还是过于依赖直觉行事，就如他们在获得 X 大奖之前一样。传统的航天航空业对他们粗犷的行事方法嗤之以鼻，但与此同时，也需要借助他们的创造力。事故发生时，诺斯罗普 · 格鲁曼公司正在收购鲁坦在缩尺复合材料公司的股份。

这就给布兰森的团队留下了一道难题，这也是困扰了所有航天初创企业的一道难题：如何在保留企业文化，不影响可靠性的情况下，成功地从开发向运营转型？

改变，是解决这道难题中无法回避的一部分。2010 年，67 岁高龄的鲁坦将从缩尺复合材料公司退休。同年，布兰森聘请时任 NASA 局长参谋长的乔治 · 怀特塞兹出任维珍银河公司和 TSC 的首席执行官。怀特塞兹自在 BlastOff 公司工作以来，在过去的 10 年里成就斐然。布兰森一年前与阿联酋达成的一项协议，让公司重新恢复生机。这些石油储量丰富的小国成立了一个主权财富基金，致力于将从石油获取的利润用于技术方面的长期投资。用布兰森的话来说，他飞抵阿布扎比，仅在一天内，就为维珍银河公司敲定了一笔价值 2.8 亿美元的投资。公司重新焕发活力，不过也进行了一些调整，包括重新设计燃料箱，以消除使用一氧化二氮所带来的隐患，雇用一家外部公司重新设计推进系统，并最终由公司自行完成制造，这让布兰森的处女航行推迟了数年。

在缩尺复合材料公司设计的“太空船 1 号”夺得 X 大奖后的 10 年，“太空船 2 号”，这款被命名为“进取号维珍太空船”（VSS Enterprise）的运载工具，终于进入了测试项目的关键阶段。它已经完成了大约 30 次的滑翔飞行，以确定其空气动力学特性。而且，从一年前开始，它就在火箭发动机点燃的情况下，完成了 3 次动力飞行。“进取号”已经到达了 13 英里的最大高度，抵达太空看起来只是时间问题。

2014 年 10 月 31 日清晨，莫哈韦沙漠上空 5 万英尺的高度，“进取号”从母船上脱离，进行第四次动力测试。就像之前的“太空船 1 号”一样，飞行器依靠的是可调节的机翼，该机翼会在重返大气层时旋转升起，产生阻力，从而使飞船减速，并保持正确的角度，避免解体。飞行过程中，当航天飞机加速到音速时，副驾驶解锁了旋转的机翼。这是标准程序，但必须得在飞机达到全速，并离开低层大气之后进行。由于机翼过早打开，飞机上的空气动力超过了旋转吊臂发动机产生的动力。机翼的突然展开，巨大的空气乱流阻力使“进取号”快速向后翻转，并解体。

飞行员皮特·西博尔德事后告诉调查人员，巨大的重力将他推回到座位上后，他就听到了机舱撕裂的声音，感觉空气都从他的肺里被抽离出来。他晕了过去，醒来之后发现自己在机舱外，朝着十几英里之下的地面高速坠落。他的脸被冻得生疼，氧气面罩的封口也破了，因而呼吸困难。他记得自己从座位上挣脱了，然后就是自由落体式的下坠。在离地面 1 万 ~2 万英尺之间的高度，他的降落伞自动打开了，这才使他安全地降落在石炭酸灌木丛中，尽管手臂多处骨折，锁骨断裂，满身都是血迹斑斑的划痕。感觉“真的过了很长时间之后”，第一批救援人员才乘坐直升机抵达。西博尔德的副驾驶迈克尔·阿尔斯伯里，则被发现死于“进取号”的残骸之中。他是第一位在商用航天器测试中遇难的人。

这场事故极大地震惊了维珍银河公司和整个太空界，他们都还没能完全消化几天前轨道科学公司任务的失败，又一次巨大的失败就降临了。西博尔德和阿尔斯伯里都是备受尊重的试飞员，他们把为缩尺复合材料公司测试新一代航天器当作毕生的事业。阿尔斯伯里留下了他的妻子和两个年幼的孩子。两位飞行员都是查克·耶格尔以及他们之前的航天飞机飞行员的精神后裔，他们努力突破极限，试图触碰星空。在维珍银河公司，悲痛欲绝的人们达成一致，认为致敬阿尔斯伯里最好的方式，就是将项目继续推进下去。公司外部，批评人士对布兰森过于乐观的承诺大力抨击，并猜测其飞行器发动机的动力存在长期问题。

NTSB 的判断是，缩尺复合材料公司从未考虑过，一个人的失误可能会导致整个运载工具的毁灭。在这种飞行员需要在高度紧张的情况下，做出精准的时间决策的情况下，设计师应该提前预料到潜在的问题，这在 NASA 商业乘务计划合同中是有明确要求的。但是，这与鲁坦的哲学思想格格不入。这位老派设计师曾声称：“如果想要降低探索太空的成本，那就得有技术好的飞行员。”而这场事故，却传达了一条不一样的信息：太空旅行速度太快，过程太复杂，对于人类来说太危险了。

媒体认为，布兰森的自负是这起事故的幕后黑手。他显然被媒体的批评深深刺痛，但是他仍默默地利用自己心中的愤怒，继续推进着项目。他认定，唯一的出路，就是像其他腰缠万贯的火箭制造商那样，将整个业务收回公司，由公司内部自行完成。SpaceX 最早的两名雇员克里斯·汤普森和蒂姆·布扎，分别于 2012 年和 2014 年加入维珍银河公司，分享他们在航天器设计方面的经验。维珍银河公司开始收购缩尺复合材料公司在它们的合资公司 TSG 公司中的股份。现在，整个公司将只有一个明确的指挥系统，试飞员们就只用专注于为维珍银河这一个项目服务，而不需要同时为多个运载工具服务。已经在建造过程中的下一艘“太空船 2 号”，将会被仔细地重新检查，以确保不会出现上一艘所遗漏的“人为因素”。另外，一位前美国空军试飞员被委任负责保障飞行员安全。

2017 年，新的“太空船 2 号”，即“联合号维珍太空船”（VSS Unity），开始进行滑翔测试，其目标是在 2018 年能够进行动力飞行。公司再次恢复乐观。公司从中东地区的投资者那里筹集了更多资金，并开始让团队为搬往新墨西哥州开展正常运营做好准备。但是，正如阿波罗计划夺走了 20 世纪 60 年代火箭飞机试飞员的工作一样，垂直发射火箭公司，如 SpaceX 和蓝色起源公司，抢了维珍银河公司的风头。这家曾获得 X 大奖的公司想要将付费乘客送往太空的目标似乎遥不可及。

杰夫·贝索斯的太空公司存在的时间，甚至比维珍银河公司要长，但它守口如瓶的做法，使公司免受不切实际的指责。然而，不论是出于竞争本能，还是招募最优秀人才所带来的挑战，抑或纯粹的自豪感，贝索斯在 2015 年 11 月还是加入了推特大军，炫耀蓝色起源公司制造的“最稀有的野兽”：“新谢泼德号”的可重复使用助推器，成功地在第二次试飞后，完整地回到了地球上。

蓝色起源公司迅速从春季发射期间损失第一台助推器的阴影中走出，并制造了另一艘运载工具。贝索斯再次来到他在得克萨斯州的牧场，在那间小小的控制室中，与蓝色起源公司的开发团队会合。“新谢泼德号”大部分的操作是由其内部计算机完成的，这是公司的政策之一，目的是尽可能地剔除人为因素，以提高可靠性。

在第二次试验中，由于一台发动机发生爆炸，火箭再次由单台发动机牵引，上升到太空边缘。这一次，液压系统在整个下降过程中一直保持稳定，直至着陆。“新谢泼德号”细长的着陆腿从助推器两侧的凹舱中展开，在火箭落地时提供支撑。这支沉浸于香槟美酒中的团队，做到了之前没人做到的事情：将火箭发射到太空边缘，然后完整地收回。

与上一次发射一样，马斯克仍就亚轨道和轨道速度的同一问题，发出了一连串质疑性的推文。他指出 X-15 太空飞机也曾经做到过这样的事情，并为 SpaceX 公司的蚱蜢火箭项目，以及他的轨道火箭已经抵达海洋上空的精确地点等事实，做出了一系列辩白。但是，这一切都是徒然：马斯克分享的是他的火箭爆炸的视频，而贝索斯的视频展示的却是火箭轻轻地在地面着陆，他静静地站在火箭旁边的画面。此时无声胜有声，公众并不在意轨道速度的细微差别。

这是蓝色起源公司第一次击败 SpaceX。

消息传出之际，SpaceX 刚刚结束了对 CRS-7 爆炸事件的调查，并申请恢复发射执照。SpaceX 计划在年底之前，为轨道通信公司发射卫星。那是公司几年前签订的卫星星座发射合同中所剩下的一半，最初计划由“猎鹰 1 号”完成。SpaceX 将利用这一机会，推动“猎鹰 9 号”的升级版全推力“猎鹰 9 号”。公司承诺，由于配置了容量更大的燃料箱和经过改装的发动机，这款全推力“猎鹰 9 号”的动力将会增加 30%。多出来的这部分燃料，可能就是可重复使用助推器最终是坠毁，还是优雅落地的关键所在。

SpaceX 在发射前几天，获得了火箭的发射许可。同样重要的是，它还获得了在卡纳维拉尔角进行其一级火箭着陆试验的许可。让火箭降落在距离海岸 100 英里外的自动驳船上，与降落在地面上完全不是一回事。虽然卡纳维拉尔角的着陆架很清晰，但是在火箭计划着陆的几英里内，有着不少公司人员和昂贵的基础设施。一旦出现错误，后果将不堪设想。毕竟，着陆中的火箭就像一枚没有弹头的导弹。考虑到上一次发射的失败距离现在还不足 6 个月，SpaceX 的高管们向 FAA 的监督者和负责卡纳维拉尔角发射场的美国空军团队提出了一个令人为难的请求，但他们被告知放手去做就行。

当火箭点火时，似乎所有观看者都屏住呼吸，胃部痉挛，直至火箭安全飞过 CRS-7 运载火箭在飞行途中爆炸时的高度。这一次，支柱和其他所有零部件都完好地固定在一起，没有发生断裂、脱落。级间分离后，11 颗卫星被送往它们该去的地方。这是最主要的任务，从某种意义上来说，这才是最重要的：它们证明了“猎鹰 9 号”可以将货物再次送上太空，并最终完成卫星星座的建造任务。

但是，对于马斯克和他的工程师们，还有所有在 YouTube 上观看直播的粉丝来说，将助推器带回地球本身就是最好的奖励。更重要的是，由于 SpaceX 的计算机模拟预测，如果推迟 24 小时发射，成功着陆的概率将会提高 10%，因此马斯克亲自将任务推迟了一天。

现在，一切尽在火箭的掌控之中。在大西洋上空 50 英里处，助推器发动机反推，返回它 4 分钟前才离开的佛罗里达州海岸。升空后约 8 分钟，发动机第三次启动，以降低火箭重返大气层后的速度。两分钟后，火箭的橙色火焰照亮了卡纳维拉尔角周围的天空，火箭极端缓慢地下降，在一片水雾朦胧中落到地面。烟雾被风吹散后，那台 20 层楼高的机器骄傲地立在那里。在 SpaceX 总部，激动的员工们歇斯底里地尖叫着。他们成功让火箭着陆了。

这也是第一次，一枚垂直起降的火箭，将货物送入轨道后，在控制下返回地面。在火箭发射这个害怕测试失败的行业里，通过完成一项同时测试 3 件事的任务重整旗鼓，这种胆识令人无法忽视：一枚全新的火箭，一种从未被成功演示过的着陆策略，以及第二级火箭在部署轨道通信公司卫星星座后再次点火的能力。而后者，是 SpaceX 发射地球同步卫星的关键能力。

就连贝索斯也情不自禁地对 SpaceX 的成就发表了评论。“恭喜 SpaceX‘猎鹰 9 号’的亚轨道助推器成功着陆，”他在推特上写道，“欢迎加入这个俱乐部！”

狡猾地提到亚轨道助推器只不过是为了调侃马斯克，因为他一直煞费苦心地指出，即使没有第二级火箭，光凭“猎鹰 9 号”的第一级火箭也能到达轨道。不过，这位 SpaceX 的创始人正忙着冲到着陆区检查他的助推器，还没来得及回复贝索斯。与此同时，这位亚马逊的亿万富翁收到了来自推特用户一连串尖刻的回复，指责从嫉妒到误解火箭原理，无所不有。无论你如何看待这一令人印象深刻的成就，这两位创始人已经完全陷入了一场完全可重复使用火箭的竞争中。

贝索斯将采取下一个关键步骤：真正重复使用一枚着陆助推器。SpaceX 把轨道通信公司的火箭带回位于霍桑的总部，将其挂在主楼外，作为公司迄今为止所做的工作的图腾和纪念品。（第一艘“龙飞船”太空舱已经被悬挂在餐厅上方。）然而，蓝色起源公司却总是将其使用过的助推器立即投入再次使用。2016 年，它将再次发射和降落同一运载火箭 4 次，收集关于飞行轨迹的关键数据，以及搞清楚如何翻修这款运载火箭，以便让它能够再次飞行。每次飞行后，员工们就会在“新谢泼德号”的舱口画一只骄傲地抬起后肢的乌龟，以体现公司“脚踏实地，保持勇气”的座右铭。在 10 月的最后一次测试中，蓝色起源团队演示了“新谢泼德号”的中止逃逸系统，以证明如果火箭出了什么问题，火箭中的宇航员可以抛弃太空舱，飞到安全的地方。中止逃逸系统的工作原理是将太空舱的紧急火箭发动机直接射向助推器顶部，将太空舱与火箭主体分离，因此，助推器在设计上就无法在逃逸飞行中幸存下来。但是不管怎样，助推器最终成功返回了发射台，证明了其硬件的弹性和飞行软件的能力。2017 年，贝索斯和他的团队将被授予鼎鼎大名的罗伯特 · J. 科利尔奖，以表彰“新谢泼德号”为上一年度“美国航空航天领域最伟大的成就”。

5 次成功的飞行后，蓝色起源公司将助推器的工作停止，转而进入另一个常规的休眠期：公司在未来一年多的时间里，不会再发射火箭，而是专注于硬件开发。“在我看来，最初进行的测试就是我们所说的开发测试，”一位与公司关系密切的工程师告诉我，“现在，他们即将进入操作测试阶段，也就是为了确保你有一队能够开始将游客送入太空的飞行器，而对运营的飞行器进行的测试。”

同样，马斯克的团队也没有躺在过去的功劳簿上睡大觉，他们所做的所有测试都为公司赚取了收益。地面着陆一切顺利，但是为了让可重复使用性能够长期发挥效用，公司必须完善之前与贝索斯对簿公堂的海上着陆计划。2016 年 1 月和 3 月，SpaceX 试图在无人驳船上再着陆两台助推器。第一次是相对容易的近地轨道飞行，几乎一切顺利，但是最后助推器的一条着陆腿意外解锁，导致火箭缓缓倒下。第二次是在完成将一颗卫星送到高轨道的高速任务后返回地球。每一次，可重复使用小组都对他们的飞行器有了更多的了解，他们在利用不同方法平衡发动机推力与可操作性的同时，还成功节省了推进剂的使用量。

终于，在 2016 年 4 月，SpaceX 在执行完国际空间站任务后，成功地在无人驳船上着陆了一台助推器。随后还有 3 次类似的发射，其中两次是执行完到达对地静止轨道的高速任务后返回，另一次则是着陆于地面着陆架。总之，SpaceX 在那一年中完成了 5 次助推器回收。但是，公司面临的挑战仍然是，如何在进入太空的艰苦工作中，既能维持足够的利润，又不会失控。SpaceX 的工程师们都专注于研究如何将更多能量注入运载火箭中，这样他们就可以在财务上实现可重复使用火箭的可持续发展。

对于 SpaceX 来说，可靠性与创新同样重要，其表现形式就是发射频率：至那个夏天，SpaceX 已经成功地完成了 8 次发射任务，每项任务都产生了宝贵的收入和有用的数据，并为未来更多的工作扫清了障碍。如果 SpaceX 能在年底前再完成 4 次发射任务，它就能与 ULA 一年完成 12 次任务的纪录相提并论了。对于 SpaceX 来说，拥有真正的创新，并在生产率方面与一家老牌航空航天公司平起平坐，将是一项双重成就。

那年 9 月，SpaceX 在卡纳维拉尔角的运营团队代表一家以色列卫星制造商准备进行发射。SpaceX 的火箭通常会进行任务前的静态点火测试，即将火箭固定在试验台上后点火，让发动机在任务全程同等的时间模拟运作，这是为前往太空进行的一场彩排。大多数公司会在将有效载荷放入火箭顶部之前完成这一步。但是，为了节省时间和金钱，SpaceX 提前将卫星安装在顶部的保护罩中。在测试前，燃料泵已经将开始将燃料注入火箭中。

在毫无征兆的情况下，“猎鹰 9 号”爆炸了。“猎鹰 9 号”火箭、火箭顶部价值 1.75 亿美元的卫星，以及 SpaceX 花费 2 500 万美元开发的发射台，全部被火焰吞噬殆尽。

第15章　火箭背后的亿万富翁

我非常清楚地知道，归根结底，那些精明的商人才是真正将研究进展不断推进的人，他们只看重最后的结果，并且不受理论的影响，不论它们听起来多么可靠。

——罗伯特·戈达德

在高强度的发射期间，出现一次失误，是一回事，然而，在常规的推进剂加注过程中，发生一次神秘爆炸，则是另一回事。到底是什么造成了这样的混乱？阴谋论层出不穷，尤其是在 SpaceX 要求检查其竞争对手 ULA 运营的一家设施的屋顶后（该设施就位于事故现场附近）。不过，美国空军在检查过程中，并未发现任何与火灾有关的东西。

再次陷入一片混乱之中的 SpaceX 试图找出事故中到底哪里出了问题。这次失败，又一次被归类为“意外”，因为没有人员伤亡。安全程序规定，加油过程中，发射台必须保持清洁。这场爆炸，真的只是一场被快速扑灭的小火灾，马斯克在网上若有所思地说道。不过，这场爆炸所带来的影响表明了 SpaceX 在全球经济中的影响力有多大。

那颗被毁的卫星来自一家名为航天通信卫星有限公司的以色列公司。这颗卫星被称为 AMOS-6，旨在为中东和非洲提供互联网接入服务。欧洲电信公司 Eutelsat，已经向该公司租赁了部分容量。更不寻常的是，美国社交媒体巨头脸书（Facebook）也租赁了部分。脸书与其最大的竞争对手谷歌（Google），都专注于增长，但用户增长更多地来自基础互联网接入的扩大，而非说服现有网民使用它们的服务。

就如 20 世纪 90 年代的微软一样，脸书和谷歌也开始将目光投向太空。谷歌的登月工厂，投资于高空气球，并为卫星星座项目制订计划，是一个凭借源源不断的广告收入，为公司开发风险性的未来业务的部门。脸书的战略也包含太阳能飞机。但就目前而言，帮助非洲市场接入互联网，AMOS-6 是一种更直接的方式。在尼日利亚的拉各斯和肯尼亚的内罗毕等蓬勃发展的大都市，宽带普及率很低，但手机在人们的日常生活中却很普及。脸书这种增加用户访问的努力，常常被标榜为做公益事业或承担企业社会责任，但对于脸书来说，这与企业的利益紧密相关。不仅仅是美国公司，还有欧洲和中国公司，都渴望争取让非洲消费者使用更多数据密集型的服务，不过前提是电信基础设施能够到位。

未及升空便炸毁的 AMOS-6，沉重地打击了脸书创始人马克·扎克伯格想要在太空互联网服务这一领域大展拳脚的期望。事故发生当天，他正在非洲科技中心进行一次意料之外的访问。此次访问的时机，选择在卫星发射的当天，也许并非巧合。这位互联网亿万富翁在内罗毕发表声明称："听说 SpaceX 发射失败导致我们的卫星被毁后，我对此深表失望，因为这颗卫星本将帮助我们为非洲大陆众多企业家和民众提供互联网服务。"

失望情绪进一步蔓延到全球其他角落：当"猎鹰 9 号"起火时，一家中国电信公司正在与航天通信卫星有限公司进行谈判，打算以 2.85 亿美元的价格将其收购。这笔交易在一定程度上取决于运行中的 AMOS-6 的收益。但是现在，由于延迟和成本变化，即使在保险赔付之后，也存在亏损的可能。所以，尽管中国的太空野心并未因此而被扼杀，但两家公司的合并却被叫停。近几十年来，这个迅速崛起的全球大国在其太空计划中投入了大量资源，研发出可靠的运载火箭和航天器，2011 年，中国发射了首个试验性空间实验室——“天宫一号”。2016 年 9 月，当 AMOS-6 被火焰吞噬时，距离中国派遣两名宇航员前往规模更大的轨道实验室“天宫二号”，仅有几个月时间。

这些行动凸显了一个事实，即作为人类航天先驱的美国，仍然没有能力将宇航员送入太空。抛开地缘政治的紧张局势，美国政府仍在为将美国人，以及他们来自欧盟和日本的外国伙伴送入国际空间站而向俄罗斯支付费用。俄罗斯显然清楚地注意到，NASA 别无选择：“联盟号”太空舱的一个席位，曾经仅需 2 100 万美元，但到了 2016 年，俄罗斯宇航局的要价却升至 8 100 万美元。这比“猎鹰 9 号”一次商业发射的价格还要高。2006 年至 2018 年期间，美国依靠俄罗斯火箭将宇航员送入太空的总成本，预计高达 34 亿美元。经济上所带来的压力，再加上其他国家在太空领域超越自己所带来的耻辱感，让 NASA 和两家竞相通过商业乘务计划将美国宇航员送到空间站的公司，大感压力。然而，SpaceX 和波音这两家公司都没能按照计划完成任务。

不得不再花 6 个月的时间，来弄清楚火箭到底哪里出了问题，对 SpaceX 来说并不是件容易的事情。公司很快就将注意力集中到问题的根源上。为了增加“猎鹰 9 号”二级火箭的动力，SpaceX 的工程师们将与火箭燃料一起燃烧的液氧进行了超低温处理：将温度降至零下 340 华氏度。这一操作会使燃料密度变大，燃料箱中所能储存的燃料因而也就更多。马斯克称，使用超低温燃料是“完全可重复使用火箭”的关键。如果二级火箭能够依靠自身燃料飞得更远，那么助推器就可以为成功着陆节省更多燃料。为了使液氧保持低温状态，地勤人员会在火箭发射前 30 分钟，给燃料箱加注燃料，这一过程被称为“加载后发射”（Load and Go）。

整个 2016 年，SpaceX 一直在试验将推进剂注入“猎鹰 9 号”的各种技术。这就导致一旦压力或温度超出一般水平，发射便会在最后一刻被叫停。这是火箭公司挑战性能极限时所要面临的另一项共同难题：为“猎鹰 9 号”精准提供燃料的管道是由计算机控制的，而它们背后的技术人员与获得 X 大奖的工程师相差甚远；那些工程师会在凌晨 2 点起床，将“太空船 1 号”燃料箱中的一氧化二氮进行搅动，确保其能保持稳定。经过反复的试验和失败后，SpaceX 终于总结出了能够安全可靠地将超低温推进剂加注到燃料箱的流程——加载后发射。

然而，当得知 SpaceX 计划在载人飞行项目中采用这一流程时，外部观察人士感到十分不安。托马斯·斯塔福德所领导的一个 NASA 顾问委员会，给比尔·格斯滕迈尔写了一封警告信称，如果 SpaceX 开始载人飞行，“加载后发射”这一流程是绝对不可接受的。托马斯·斯塔福德是一位已退役的宇航员，曾驾驶“阿波罗 10 号”绕月飞行。“委员会一致认为，在向火箭加注氧化剂之前，便安排乘员登上‘龙飞船’，违反了存在 50 多年的助推器安全标准……只有当助推器加满燃料，并且稳定后，少数关键人员才应被允许靠近火箭。”斯塔福德写道。这种说法并不完全正确。正如 SpaceX 的工程师所指出的那样，虽然火箭确实是在乘员进入之前便加注燃料，但是，由于液氢和液氧会蒸发，因此，火箭推进剂贮箱会不断补充燃料，直至点火前几分钟。AMOS-6 事故发生后，另一个 NASA 安全小组警告说，分析超低温燃料系统不会是一件简单的事情，NASA 不应因对预算或是进度的担忧，而被迫匆忙使用一种完全不了解的新技术。“一旦用于实际工作环境中，系统会常常出现一些‘意外’。”顾问们冷冷地指出。

事故发生后的几个月里，SpaceX 一直忠于它的试验精神，并在麦格雷戈试验场中，尝试还原这起事故的发生场景。到 10 月底，对于事故发生的原因，它已经得出了一个理论。这一理论的核心在于碳纤维贮箱，也就是复合材料缠绕压力容器（以下简称 COPV）。每个 COPV 都有一个铝制内衬，并内置氦气，飞行过程中，氦气被泵入推进系统，以保证氧气能够在高压下流入发动机。2015 年灾难性的 CRS-7 飞行事故的原因是支撑氦气贮箱的支柱折断导致其中一个氦气贮箱发生了泄漏。在新的发射过程中，调查人员已经排除了出现同样错误的可能性。

SpaceX 正在突破 COPV 技术的极限。太空工程师早就知道，在错误的条件下，碳复合材料会与液氧发生爆炸性反应。最终，SpaceX 的试验发现，是“猎鹰 9 号”中的超低温液氧渗入复合材料缠绕涂层，才导致了事故的发生。在某些情况下，当温度降低到足够的程度时，液氧的物理性状会发生改变，从液体变成固体。燃料加注过程中，当氦气充满整个 COPV 时，碎冰状的氧气聚积在铝制内衬的小凹痕中或变形处，形成所谓的扣环（buckle）。扣环处不断积聚的半固态氧气，可能会对复合材料的碳纤维产生压力，一旦发生开裂或是相互摩擦，只要一个小火星就会点燃整个火箭，很显然事故就是这样发生的。

“事实上，之所以会发生这种情况，是因为项目进度被大力压缩，而且压缩速度越来越快。”SpaceX 的一位前员工告诉我。在发射台上花的时间越少，发射价格越低，而发射频率也越高，SpaceX 期望能够达到一小时发射一枚火箭的效率。这就需要将液氦泵入火箭，而非温度更高的压缩气体，以便更快将燃料箱装满。“他们不过是得到了一些教训，一些在得克萨斯州通过任何一种测试程序都没有发现的教训。他们加注的速度太快了，以至于火箭出现问题，并爆炸。”

2000 年，NASA 叫停了洛克希德 · 马丁公司 X-33 取代航天飞机原型机的计划，其中一个关键原因就是复合燃料贮箱技术的失败。然而，挑战极限是一项极具风险的业务。随着 SpaceX 努力榨取运载火箭中的每一点能量，以实现其可重复使用的目标，它的误差幅度有所下降。尽管如此，在这场代价巨大的事故之后，SpaceX 也没有放弃这个计划。相反，公司宣布，将恢复已经反复操作过 700 多次的氦气加注程序，并对 COPV 进行重新设计，以防止出现意外。

这场事故对 SLC-40 发射台造成了严重的破坏，需要时间和资金来进行翻修，SpaceX 因此暂时没有能够在东海岸发射火箭的设施。3 年前，从 NASA 租来的第二个发射台 SLC-39A，现在依然处于翻修阶段。如 2015 年的情形一样，SpaceX 一直致力于提高发射频率，击败 ULA，成为全美轨道发射频率最高的公司。然而，尽管 SpaceX 比去年多发射了两枚火箭，但这次公开的、令人尴尬的失败，还是让它处于落后地位。有人质疑，马斯克如今不仅管理 SpaceX、特斯拉和太阳城，还管理着两家专注于人工智能和地下隧道的初创企业，而这些牵扯了他太多精力。另一些人则持相反观点，他们认为，在完成那些不可能完成的任务方面，马斯克把他的团队逼得太紧了。虽然，那些关于 SpaceX 的员工随着时间流逝而疲惫不堪的故事比比皆是，但很少有人为他们的辛勤工作，或是马斯克的十足干劲而感到后悔。"他是这么想的：'那些人选择的是容易走的路，但我们要走的是最艰难的那条。'"他的推进工程师米勒说，"这种想法，曾给我们带来伤害，也让我们经历过失败，但是它也曾在没人相信它会奏效的时候成功过，而且在很多时候，它都是最正确的决策。"

与运营和工程问题一样迫在眉睫的，还有资金问题：SpaceX 能否再一次承受因事故而导致发射延期 6 个月所带来的收入损失？这笔损失可能达 2.5 亿美元，甚至更多。

火灾发生后，SpaceX 首席财务官曾扬言，公司手头上握着价值 100 亿美元的未来发射任务，账上躺着 10 亿美元现金，并没有任何债务负担。失败，一直是火箭事业如影随行的一部分。尽管 SpaceX 在 2015 年执行空间站任务中的失败，对于公司的财务状况造成了沉重的打击，但对公司价值的影响却微乎其微。富达（Fidelity），一家规模庞大的共同基金公司，在事故发生前的 6 个月，对 SpaceX 进行了投资。据该基金公司随后提交的文件显示，在短短 11 个月内，SpaceX 这家火箭公司的估值增长了 15%，市值达到近 120 亿美元。自 2012 年以来，马斯克的公司一直被归于一个特殊的分类——“独角兽”公司，即由其所有者投资的价值 10 亿美元及以上的风险资本支持公司。现在这家太空初创公司的市值已经是于 2015 年拒绝了一份 40 亿美元收购报价的 ULA 估值的两倍。但是，那份收购的报价，比马斯克个人在 SpaceX 所持的股份要少，他的个人股份估计价值超过 60 亿美元。

形成这种差异最明显的原因在于，ULA 正在输掉这场比赛。ULA 副总裁布雷特 · 托比 2016 年泄露出的言论，是了解波音 - 洛克希德合资企业想法的一个窗口，他简明扼要地总结道：“自从埃隆 · 马斯克加入发射市场后，整个游戏规则发生了翻天覆地的变化。”托比在谈到 ULA 退出当年 GPS 卫星发射竞标这一决定时表示：“我们将这场竞标视为与 SpaceX 之间的一场成本大战。因此，我们现在得想办法，以低得多的价格参与竞标。因为政府不能只是说，‘你知道的，ULA 有着良好的发射历史，它已经完成了 100 次发射’，这远远不够……SpaceX 的竞标价格已经降至最低价 6 000 万美元，而我们公司最低的出价也要 1.25 亿美元，是这个数字的两倍。如果再加上性能成本的话，最低出价就将超过 2 亿美元。”

ULA 并不孤单。欧洲的阿丽亚娜太空公司面临的问题是：它的下一代运载火箭会不会过时。在为其安塔瑞斯火箭更换发动机，并恢复其飞行后，轨道科学公司在推销火箭时遇到了困难，而且将于 2017 年被诺斯罗普 · 格鲁曼公司以近 80 亿美元的价格收购。

不过，SpaceX 背后不断增长的支持者们所投资的，不仅仅是低成本的运载火箭，更是公司对可重复使用火箭变革性的承诺。这一承诺，在几次成功的助推器着陆后，似乎已经触手可及。然而，2016 年，它的竞争者们毫不留情地指出，SpaceX 的火箭从未像蓝色起源公司的亚轨道火箭“新谢泼德号”那样，成功地二次使用其助推器。SpaceX 的许多私人投资者，也指望公司开拓一条完全不同的业务线，来证明公司的价值。2014 年年底，马斯克透露，SpaceX 不仅想发射提供互联网服务的卫星，还想制造和运营这类卫星，并从中获利。不用说，马斯克遇到了对手。

催化这一互联网卫星项目的，是一位名叫格雷格·维勒的社交型企业家。在科技大繁荣时期，他曾作为一名电信投资者而大获成功。2003 年，他有幸获得了一次与卢旺达政府官员的见面机会。在此次会面中他察觉到了机遇，于是，他开启了一项新业务：在这个东非国家中建立光纤互联网基础设施，并成为该国最大电信公司的重要股东。

对于维勒和卢旺达人来说，这是一个让人感觉良好的项目。他们将互联网看作在 21 世纪，为他们这个以农村为主的国家，奠定立足点的一种方式。但是，在贫穷国家安装昂贵设施面临的难题，很快就影响了整个计划：为一所没有电的学校提供互联网接入，是毫无意义的事情；如果国家的人均年收入只有几百美元，那么，把上网费用降低到每个月 100 美元以下，也无济于事。计划进展缓慢，维勒和他的公司因未能兑现承诺，而被严格审查。2006 年，卢旺达监管机构指控维勒的公司，曾试图将其在卢旺达电信公司的股份转让给另一家公司，并对他的公司处以 40 万美元的罚款。同年，维勒辞去首席执行官一职，将该职位移交给新的管理者。

维勒并未对细节发表任何评论，他只是称，在他离开后，卢旺达的互联网基础设施变得更加完善。不过，他至少得到了两个教训。第一个教训是，宣称向发展中的市场提供拓展互联网的服务，会让那些准备在海外承担高科技风险的潜在投资者和合作伙伴感到兴奋，尤其是那些受到当地政府欢迎的投资者。互联网并不像资源开采特许权，或是低工资制造业那样颇具争议。第二个重要教训是，将电线埋入地下既昂贵又费时。而且，将信息时代引入人口稀少的地区，或是像卢旺达这样远离那些海底电缆的地区，是不可能实现的。那么，为什么不试试直接用卫星，将本地网络与外部世界连接起来呢？

2007年，维勒与合伙人共同创立了一家名为O3b的公司，O3b的意思是“另外的30亿人”，也就是这家公司的潜在客户——全球尚未接入互联网的人口。公司将利用一个事实，那就是更新、更强大且持久性更强的卫星，在为从南苏丹到马达加斯加的各国电信公司提供互联网连接方面，比它们的前辈们更有效。它还找到了自己强有力的支持者，其中包括欧洲卫星巨头SES，不断扩张的全球互联网服务提供商自由全球公司（Liberty Global），以及谷歌公司。谷歌这个搜索巨头，看到了一个学习如何将互联网接入偏远地区的机会，并将于之后考虑使用热气球实现全球Wi-Fi的覆盖。经历了几年艰难的筹资过程，维勒的公司筹集了12亿美元，并于2014年发射了其首批的4颗卫星。公司成功地吸引了各式各样的客户，即使不全是那些符合它既定使命的客户。除了巴布亚新几内亚和巴基斯坦外，O3b公司还找到了一些客户，一位记者曾根据行业对这些客户进行了分类：豪华游艇行业中的“另外3位亿万富翁”、海上能源生产商中的“另外3桶”，以及军方客户的“另外3个战斗集团”。

不论客户来源是什么，投资者都看到了人们对于卫星互联网接入的真实需求。2016年，SES行使了购买O3b多数股权的选择权。当时，吸取了新的教训，拥有更加远大抱负的维勒，已经踏上了人生的下一级阶梯。O3b公司的卫星星座最终将由14颗地球轨道卫星组成，其服务覆盖范围在赤道两侧区域。低空运行卫星的优势在于，其服务速度更快，因为较那些提供大多数地面互联网接入服务的地球同步卫星而言，它们的信号传输距离要短得多。那么，如果你在这个概念的基础上加倍努力，在近地轨道上搭建一个网络广播卫星星座，会怎么样呢？要想对一个大范围的地区提供几乎恒定的覆盖，你需要成百上千颗遍布全球的卫星。就目前而言，轨道上运行的卫星数量仅为1 400多颗。

这不是随便想出来的一个大创意。20 世纪 90 年代，泰勒戴斯克公司和其他公司的卫星星座项目背后，也有着类似的大创意。然而，这些卫星星座项目烧光了投资人的数十亿美元，并且最终功亏一篑。这些项目还间接破坏了 EELV 项目，因为该项目指望着依靠蓬勃发展的卫星业务，来维持火箭制造商的利润。“这正是我们以前见过的那种白日梦。” 2014 年，卫星顾问罗杰 · 拉什在《华尔街日报》的采访中表示。他推测，此类项目耗费的成本和延误的进度，将远远超过最初的预期。

不过，维勒并不这么看。他告诉我，自 20 世纪 90 年代以来，虽然商业计划仍然需要数十亿美元才能制造和发射卫星，但技术的进步已经大大降低了其中的风险。他列举了一些例子：芯片和电池的小型化、太阳能电池板技术的改进、卫星天线的进步、SpaceX 等公司所承诺的发射成本降低，以及数据传输需求的增长和价值的增加。

维勒把他的想法告诉了谷歌公司。谷歌公司已经表现出对卫星互联网领域的兴趣，而且 2013 年时，公司拥有 500 亿美元的现金。如果要说哪家公司有足够的自信和资源，来发射属于自己的卫星星座，那么，非加州山景城的搜索引擎之王莫属。谷歌公司聘请维勒来探索这个计划的可行性，他与谷歌合作了数月，制订了一个价值 10 亿美元的卫星计划。由于对计划覆盖范围的不同意见，以及前期投资存在的明显困难，维勒于 2014 年离开了谷歌。随后，维勒投奔到另一个对大项目无法抗拒的销售型企业家麾下：埃隆 · 马斯克。

两人就 SpaceX 如何凭借在太空硬件制造方面的创新能力，建立自己的卫星网络，并在全球范围内销售，进行了一番讨论。维勒能够提供的不仅仅是他的想法：他所创立的一家名为 WorldVu 的卫星公司，拥有国际电信联盟授予的无线电频谱关键频率的使用权。被称为 Ku 波段中的一段频率，能够让在地面上使用小型天线进行超高频传输成为可能。如果他的公司能够在 2019 年之前获得电信监管机构的许可，并将这一频率投入使用，他将拥有在全球范围内使用这一频率的专用权。而 SpaceX 可能就是他所需要的合作伙伴，一个能够足够快、足够便宜地制造和发射卫星的合作伙伴。

因此，我们需要问一个问题：为什么 SpaceX 会在已有至少 3 项重大技术开发项目（载人航天器、可重复使用火箭和可重复使用重型火箭）的情况下，决定投资一项全新的业务？答案当然是——钱。发射卫星所产生的收益，与卫星星座在地球上转移数据所产生的收益相比，不值一提。得益于使用自己的火箭所节省下来的资金，这位精明的企业家看到了一条通向价值链上游的路径。从某种意义上来说，这并没有背离公司的使命。公司已经为“龙飞船”打造了一艘可以在轨道上存续，并与地面基站保持通信的无人航天器。现在，它所要做的，只是制造上百艘更简单、更小的“龙飞船”。

“在太空活动的成本中，卫星所占的比例与火箭相当，甚至更高，”在谈到该项目时，马斯克表示，“事实上，卫星的成本通常比火箭更高。因此，为了真正实现太空革命，我们必须同时解决卫星和火箭的问题。”

但是，维勒与马斯克没能建立一种合作关系：关于应在网络中将这项技术推动到何种程度的分歧，导致了两人合作关系的分崩离析。“在架构上，格雷格与我存在着根本上的分歧，”当时，马斯克向彭博新闻社的记者表示，“我们想要一颗比格雷格想要的卫星复杂一个数量级的卫星。我认为应该有两个相互竞争的系统。”最终，为了实现各自心目中的卫星愿景，两人分道扬镳，成为彼此的竞争对手。维勒成立了一家名为一网（OneWeb）的新公司，专门为 WorldVu 公司的频谱开发系统。2015 年，马斯克在西雅图市设立了一家新办公室，专门开发他的卫星技术。维勒与马斯克之间合作关系的破裂，并非没有尖锐的敌意。电信业内人士指出，2014 年 6 月，维勒的公司向国际电信联盟提交了一份关于 Ku 波段卫星频谱的申请文件，其中包含了由 4 000 颗卫星组成的卫星星座计划，而该计划与 SpaceX 计划一致。

“部分问题在于，马斯克是去年 6 月底提交的原始文件，而那时他还在和维勒讨论合作事宜。”在泰勒戴斯克公司工作的卫星顾问蒂姆·法拉告诉我。维勒的团队或许占了上风：由于拥有那些频率的使用权，因此在世界各地赢得业务和投资方面，维勒具有优势。在美国这个对于全球电信公司来说都很重要的市场中，电信监管机构可能会要求那些使用相同频率的竞争者，制定出一套共享这一频率的方案，但前提是竞争双方都能展示出可用的系统。这便意味着另一场竞赛的开始：让一个卫星星座在近地轨道上运行。为了不与维勒在无线电频谱方面的优势正面死磕，SpaceX 的卫星团队正努力将其卫星通过先进的激光通信网络连接在一起。这一做法，在已经十分复杂的计划中，引入了另一项技术风险。对于竞争双方来说，另一项巨大挑战是，开发一款能够让数百颗卫星向彼此，以及地面传输信号的软件。

正如 SpaceX 正在做的每件事一样，在卫星市场的布局，对其在未来几十年内抵达火星有着重大意义。如果从技术角度来看，将业务拓展到卫星板块是有意义的，那么将其在该板块的收益转化为资金，支持公司实现在太阳系中的更大野心的可能性，就更令人无法抗拒。马斯克在成立他的“卫星专属办事处”时就说过，“这个举动的目的在于，产生可观的收入以资助在火星上建造一座城市”，他还以特有的“第一性原理”的简洁洞察补充道：“在火星上创造一座城市需要什么？嗯，有一样是肯定的：一大笔钱。”马斯克将会需要的另一件东西，是一个能够使他的太空交通工具互相联系，并与地球进行联系的太空通信网，而“星链”计划就是它的基础。

马斯克和维勒预计，他们两家的互联网卫星计划都将耗资 100 亿美元以上，这是一笔下在高科技风投项目上的巨额赌资，尤其是如果两家公司都成功了，那么这个市场很有可能会四分五裂，这对双方公司都会造成损害。目前，全球卫星界已经开始担忧日益严重的太空交通管理问题，以及近几十年来人类太空活动所产生的无休止的太空碎片垃圾问题。美国空军花费了数以亿计的美元来监控这些太空垃圾，每当他们预测会有碰撞发生时，就会给卫星运营商或国际空间站发出警告。那种在电影《地心引力》中才会出现的太空碎片垃圾击碎国际空间站，从而导致连锁反应的灾难场景，对于全球所有太空机构来说，却是不得不关注的真实风险。专家称，很显然，我们将会需要使用新科技来进行太空碎片垃圾的再利用或将这些碎片垃圾移走，同时需要采用新的方法来保持轨道的畅通。卫星轨道数量的激增意味着现有轨道数量会成倍增加，这将给已经承受巨大压力的太空交通控制系统带来更大压力。

然而，不论有着怎样的风险，凭借着以往的商业经历，这两位企业家依然能够为自己的项目筹集到足够的资金。而且，（事实上）投资者们已经再一次给科技企业进行了极高的估值。2015 年，SpaceX 获得了它最大的一笔单笔投资：10 亿美元，该轮由谷歌牵头的融资，购买了 SpaceX10% 的股份。虽然这笔资金并未指定用于卫星计划，但根据投资发生时披露给《华尔街日报》的财务文件显示，SpaceX 预计到 2025 年将会从“星链”计划中获得 150 亿 ~200 亿美元的收益。该文件还显示，在 SpaceX 的产品上线前的几年，其财务状况相当困难。SpaceX 需要耗费数年的时间，才能收回它在技术开发上的所有投资。

谷歌对马斯克太空梦的支持，并未阻止维勒组建自己的行业赞助团队。其中包括卫星专用微型芯片制造商高通公司，以及欧洲航空航天行业的领军企业空中客车（Airbus），后者想要开发卫星大规模生产技术（如火箭一样，大多数卫星都是在洁净的房间中手动组装而成的，这就是它们的价格如此高昂的原因）。另一家主要的通信卫星运营商 SES 公司同样参与了投资，大概是期望复制合并 O3b 的成功案例来将其纳入自己的太空资本中。2016 年，一网公司赢得了来自日本软银集团的 10 亿美元投资，该集团首席执行官孙正义还成立了总值高达 1 000 亿美元的技术投资基金。

与此同时，由于每家太空企业都需要一位太空亿万富翁撑腰，理查德·布兰森则将宝下在了一网身上，他通过维珍集团投资一网公司并加入其董事会。这笔交易还要求一网公司签订一份由维珍天体轨道公司（Virgin Orbit）发射 10 颗卫星的合同，维珍天体轨道公司是维珍银河旗下的一家子公司，于 2017 年独立出来。维珍天体轨道公司打算建造一个卫星发射系统，该系统先用波音 747 飞机将火箭运送到高空后投放，再由火箭将小型卫星发射至指定轨道。轨道科学公司曾于 1990 年开始，运行过一个类似的系统，该系统被称为“飞马座”（Pegasus），但实际运行情况证明它太昂贵了，因而无法赢得更多业务。现在的想法是，由维珍集团来掌控这个系统，采用之前在打压 ULA 时，SpaceX 所采取的成本削减方式进行运营，而部分曾帮助 SpaceX 达成目标的工程师也将参与其中。维珍天体轨道公司的火箭将致力于复兴曾对“猎鹰 1 号”感兴趣的小型卫星市场，而非与 SpaceX 或 ULA 直接硬碰硬。其并非是瞄准这个市场的唯一公司：2016 年，坎特雷尔和加维（原 SpaceX 创始员工）创立了属于自己的公司向量太空系统公司（Vector Space Systems），该公司是复兴的小型火箭初创企业中的一员。

“我不认为埃隆能靠单打独斗完成这件事，”关于两个卫星互联网计划，布兰森如此评价道，“格雷格拥有无线频谱的使用权，而且已经没有空间容纳另一个网络了，这就像物理上没有足够的空间一样。如果埃隆想要进入这个领域，最理性的做法就是与我们合作。”

当我问起维勒关于互联网卫星计划的问题时，这位务实的企业家耸了耸肩表示无奈。“我的水晶球已经被打破。没有什么不能放到台面上说的；这个计划的使命就是将人连接起来。”

第 16 章　在地球轨道之外

在太空中，水将成为新的石油。

——乔治·索尔斯

“自打杰夫·贝索斯宣布‘蓝月亮’登月计划的那一刻起，太空淘金的热潮便开始涌动，”太空工程师兼杰夫·贝索斯的合作伙伴乔尔·赛瑟尔告诉我，“这位在人类历史财富排行榜上位居第二的企业家，对着沙克尔顿环形山立下了誓言。”

“蓝月亮”计划，是蓝色起源公司第一则天马行空的太空商业宣传。“蓝月亮”，顾名思义，是指蓝色起源打算将一个着陆器送上月球表面。这一举动将会使蓝色起源公司成为首家在一个天体上着陆的私人公司。赛瑟尔告诉我，亚马逊在一个令人兴奋的股票交易日里发布了相当优秀的业绩报告后，贝索斯成了世界上最富有的人。为什么最富有的人不能拥有一个月球基地呢？

截至2016年，亚马逊公司已经成了人类历史上最强大的公司之一，其同时掌握物流、零售和软件工具三大板块，每年赢利数千亿美元。尽管多年以来，亚马逊公司几乎将所有利润都投到了扩张之中，但它的股票依然是华尔街的宠儿，因为它的增长就像某些科幻小说中可怕的怪物一样，会将整个行业吞噬殆尽。这也导致投资者忽略了亚马逊公司背后的各种争议，如与图书出版商之间的反垄断纠纷，分销中心大量使用低工资的临时工，以及亚马逊家庭助手带来的隐私问题。但是，无论他们对亚马逊交易的未来后果有何疑问，消费者始终认为贝索斯的万物商店，是高科技巨头中知名度最高的一家。

那一年，贝索斯告诉记者，蓝色起源公司背后的商业模式是这样的："我每年会卖出价值约 10 亿美元的亚马逊股票，然后用这笔钱来投资蓝色起源公司。"但是，事实并非完全如此：根据贝索斯提交给美国证券交易委员会的文件，自 2010 年以来，贝索斯所卖出的股票总额，距离他声称的 10 亿美元还差得很远。而 2010 年，正是亚马逊公司重拾活力的一年。不过，在 2016 年和 2017 年这两年，贝索斯确实兑现了自己的承诺，他抛售了价值逾 10 亿美元的股票。而且，他第一次主动谈起了那笔资金的去向。

在"猎鹰 9 号"起火的两周后，贝索斯宣布蓝色起源公司将制造世界上最大的轨道火箭，他将之命名为"新格伦号"。与"新谢泼德号"一样，"新格伦号"也是以美国太空先驱的名字命名的：首位环绕地球飞行的美国宇航员约翰·格伦。蓝色起源的这枚新火箭，将是公司首枚抵达轨道的火箭。在贝索斯的描述中，"新格伦号"将会是巨大的：第一代"新格伦号"火箭高达 283 英尺，直径约 23 英尺，升举能力为"猎鹰 9 号"的 3 倍左右。它将是继搭载美国人登上月球的巨型火箭"土星 5 号"之后最大的火箭。"新格伦号"将会采用可重复使用的助推器，蓝色起源从"新谢泼德号"的飞行中获得的经验教训也将大有裨益。而且，它将使用蓝色起源公司为 ULA 制造的发动机 BE-4。如果你没有可重复使用火箭的话，"从根本上来说，我不觉得有任何人能够与之竞争"。蓝色起源公司首席执行官史密斯告诉我。他是这样描述自己对"新格伦号"的愿景的："新格伦号"将占据发射市场的绝大部分市场份额，从 NASA 的卫星到国家安全卫星，再到商业卫星。

SpaceX 的团队对此并未感到惊讶，但这一消息引起了 ULA 的一丝担忧，因为现在，ULA 将从这位直接竞争对手那里，购买其主要产品中最重要的一项技术。史密斯称，这种令人尴尬的交叉协作，是紧密结合的航空航天产业的一部分，他也承认，“虽然这样使得业务边界晦涩不明，但我们知道，在这个时候，它是最务实的方法”。

曾任 ULA 高管，并协助牵头 ULA 与蓝色起源公司建立发动机上的合作伙伴关系的乔治·索尔斯告诉我，他的董事会想知道直接竞争的可能性有多大。他说道，“在此之前，他们发射过的唯一一枚火箭是‘新谢泼德号’，而这枚火箭甚至无法进入轨道。它能够与我们公司的‘宇宙神号’的有效载荷整流罩相匹配，而我们可以利用‘宇宙神号’，将其完好无损地送入轨道。”但是现在，贝索斯正在设计一枚新型火箭。

蓝色起源公司期望在 2020 年年底之前，首次发射这枚巨型火箭。索尔斯是火箭设计方面的资深专家，曾主导“宇宙神 5 号”火箭的设计，他对此深表怀疑。他指出，SpaceX 将一枚小型轨道火箭升级成“猎鹰 9 号”的小型版本的过程中包含若干次的升级。跳过中间的这些步骤，直接进行巨型火箭的设计与制造，将会是一件极端困难的事。“这样做，简直是疯子的行径。”他告诉我。

另一方面来看，贝索斯认为，他的方法相当简单明了，直指本质。“从长远来看，深思熟虑和有条不紊地工作，最终会取得成功，不跳过其中任何一个步骤，你会以最快的速度完成任务。”他在给粉丝的一封邮件中指出他的公司已经花了 4 年时间来设计这款巨型火箭。他最喜欢的论据是一句军事格言——“慢慢来，比较快。”

他指出，“新谢泼德号”教会了他的团队很多关于可重复使用火箭的知识。“我之所以喜欢垂直着陆，是因为它的可拓展性很强，”他在公开“新格伦号”时表示，“垂直着陆，本质上就是一个倒立摆问题。你懂的，在手上平衡一把扫帚并不困难。但是，如果你试图在手上平衡一支铅笔，则是非常困难的，因为铅笔的惯性矩很小。随着运载火箭变得越来越大，倒立摆问题实际上变得更容易解决了。”

“因此，这个问题的关键就变成了‘我们是否能够整理好资源’，而非‘是否有获得了诺贝尔奖的技术需要我去搞定’。”受雇将公司业务从工程开发，扩展到全方位运营的史密斯告诉我。“新格伦号”位于卡纳维拉尔角的工厂兼运营中心的规模表明，他们在资源整合方面不会遇到任何麻烦。这座耗资超过 2.5 亿美元的工厂，绵延至肯尼迪航天中心外 140 英亩的土地。其中包括两个功能不同的运营中心，一个用于发射，另一个则用于在轨飞行任务。工厂内有客户观光甲板、训练室，以及一座超过两个足球场大小的大型制造设施，巨大的火箭在此处进行焊接，机器人也将于此制造用于卫星发射的碳纤维整流罩。“那里给人的感觉，不像一处航空航天生产设施，更像是硅谷，或是华盛顿州的西雅图。”公司的发射运营总监斯科特·亨德森告诉我。为了满足环保规定，公司将会在此种植 30 万株灌木，以及“新谢泼德号”飞越卡门线后带回的“太空种子”。

那月亮呢？

曾在 NASA 参与商业项目的蓝色起源公司高管布雷特·亚历山大，在国会听证会上详细阐述了公司在登月方面的雄心。作为乔治·W. 布什政府的太空顾问之一，以及总统发布的呼吁让宇航员重返月球，然后登陆火星的《太空探索新构想》文件的重要编纂人之一的亚历山大正在协助塑造蓝色起源。“我们已经在准备促成私人资本与 NASA 的合作，以便重返月球表面。”他在 2017 年对国会议员说。

蓝色起源设计了一款能够向这位距离地球最近的邻居运送一万磅有效载荷的运载火箭。从理论上来说，蓝月亮登陆车能够将各种与科学相关的有效载荷送至月球，甚至再将其带回地球。这辆蓝月亮登陆车，将使用与内置于“新谢泼德号”火箭的发动机相类似的发动机。

回想那位曾为公司设想“新谢泼德号”，并一直担任蓝色起源公司顾问一职的资深太空工程师詹姆斯·弗伦奇，在其职业生涯伊始，是为阿波罗计划研制登月舱，也就不奇怪了。

亚历山大指出，在“新格伦号”建成之前，蓝月亮登陆车可以先置于波音公司为NASA制造的大型火箭的太空发射系统顶部进行发射。将自己与现有的竞争对手和深受NASA青睐的项目绑定在一起，对于蓝色起源公司来说，是一个相当精明的举动，就如公司之前，在亚拉巴马州这个大多数有影响力的议员们所在的州，投资建立新发动机制造工厂一样明智。不过，公司的野心绝不局限于将NASA的科学项目，送上月球这么简单。蓝色起源公司现在与NASA保持合作关系，目的在于获取NASA长期积累的知识和信息，并寻找机会参与NASA每年需要重复执行的任务，但是，就如SpaceX与NASA的伙伴关系一样，蓝色起源有着更远大的抱负。

也许，现在是时候停下来问问自己：究竟为什么一定要回到月球上？月球不是相当贫瘠吗？不管怎么说，人类已经登上过月球了，并对那里进行了详细的勘察。这就是为什么马斯克会对火星如此痴迷：因为，登陆火星，将会是下一件大事。但是，这背后有另一个故事在推波助澜。简单来说就是，在第一次登陆月球时，NASA在搜寻可用资源方面做得并不好，而且是有意为之。为了安全和简单起见，阿波罗计划仅将宇航员送到了最明亮、最显眼的地点。“大多数的时候，他们都是降落在月球赤道上，而非终年不见阳光的陨石坑中，”赛瑟尔告诉我，“而且，他们也没有用以寻找月球上结成冰的水的仪器。”

讽刺的是，直至阿波罗计划结束后更先进的太空探测器和卫星开始探索月球表面时，太空研究人员才发现了“挥发性物质”的存在——用科学的语言表述，就是氢、氧和氮等的化合物，因为它们的沸点较低，容易挥发，因此被称为“挥发性物质”。而且，这些化学物质，也是生命之源。“近几年来，太空科学领域内一个不为人知的发现是，包括月球在内，水的痕迹无处不在。”乔治·索尔斯称。

这位ULA的前高管，目前正在负责科罗拉多矿业学院的一个项目，旨在让学生们为未来太空资源的开采做好准备，即开采太空中的所有水资源。对于索尔斯来说，水就是太空中的石油。火箭发射过程中最艰难的部分，就是让火箭脱离地球引力，进入轨道。一旦成功进入轨道，即使是质量极大的物体，也能很容易地进行移动。但是，这里有一个问题，你从地面携带的推进剂越多，你所造的火箭就得越大，这是一个恶性循环——还记得前面提到的“火箭方程的暴政”吗？

然而，太空中水的发现，意味着你可以在地球引力范围之外，制造出火箭所需的所有推进剂。从化学角度来说，从水中提取氧和氢这两种常见的火箭燃料，是相当容易的。与此同时，水分解产生的氧气，还能维持人类的呼吸活动。如果将氧气与太空中取之不尽的太阳能结合起来，还可以种植粮食。在索尔斯和赛瑟尔这样的专家看来，这意味着人类有望长期留在太空中，并从事更多的经济活动，而他们的小行星开采航天公司TransAstra，则专注于太空采矿业务。“当你有能力开始使用太空资源时，你就会成为重要的游戏规则改变者。”索尔斯说。

当索尔斯还在ULA任职时，他曾为下一代火箭设计了一款可重复使用的二级火箭。它将会作为太空拖船使用，由在月球上生产的推进剂提供动力。火箭可以将一颗重型卫星，或是一座轨道工厂，送到近地轨道上，然后太空拖船会将其拖走。这种组合结构，可以降低在太空中做大买卖的成本，而这正是蓝色起源公司的目标所在。

“月球南极的沙克尔顿陨石坑中富含可以用于生产燃料和后勤保障的冰矿物化合物，以及可用于发电的近乎连续的日照。”亚历山大告诉议员们。沙克尔顿环形山和其他类似的地点，为近距离地测试关键的深空探测技术提供了一个逼真的试验场。

蓝色起源公司并不孤单，BlastOff公司的月球梦，今天依然存在且不断发展。有6家私营公司一直致力于重返月球。X大奖的组织方甚至创造了一个被称为“谷歌月球X大奖赛”的新版太空竞赛，并承诺最终将向第一个完成月球基础任务的团队提供2 000万美元的奖金。由于竞争者们缺乏起步所需的足够资金和技术，该奖项的截止日期被一次又一次地推迟，这证明了探访另一天体的巨大困难。

但是，仍然有不少公司为此付出了极大的努力。其中之一就是月球捷运公司（Moon Express），这是一家由硅谷互联网亿万富翁纳温·贾因注资，资深太空工程师鲍勃·理查德担任首席执行官的初创公司。这家公司正在自主研发登月航天器，并期望通过运送科学性有效载荷到月球，以及销售可作为纪念品的月球岩石来赚取利润。贾因认为，“从经济冒险角度来看，互联网与太空之间，有着巨大的相似之处”，而他的公司成了首家获得政府登月许可的私人公司。另一家公司则是宇宙机器人技术公司（Astrobotic），这是从卡内基－梅隆大学拆分出来的一家私人公司，这家公司同样渴望与NASA形成合作伙伴关系，并将其研发的月球着陆器送上月球。据宇宙机器人技术公司称，他们手上已经握有一份价值10亿美元的学术研究订单。

尽管涉及商业利益，但是，目前尚不清楚人类使用太空的法律框架是否已经为资本化做好了准备，毕竟现行的法律还是冷战时期所形成的版本。那些允许企业在太空中拥有相应财产权，或与之类似的权利的新法律，现在尚在起草与讨论当中。一些人担心，随着各家公司与各个国家开始在月球、小行星或是更远的星球竞相争夺化学和矿产资源，这些法律可能会引发太空“土地掠夺”这类潜在不稳定事件。

更为平实且深刻的是，太空界关于人类究竟应该是探索月球，还是应该选择直奔火星这一问题，展开了激烈的辩论。“在我们具备良好的行星科学知识和技术之前的20世纪，火星就已经成了我们的目标，”

赛瑟尔告诉我，“我们认为火星就像地球一样，适合人类生存。但是现在，我们必须要抛弃关于火星的那种极具浪漫主义色彩，却十分愚蠢的观念，转而以一种务实的态度来思考，我们要如何证明耗费资金前往火星的合理性。阿波罗计划之所以被终止，就是因为我们将人类送上了月球，但他们并没有任何有经济效益的事情可做。”

对于马斯克这样的火星拥护者来说，月球远远不足以实现人类在太阳系定居的宏伟目标。将月球作为一个前哨基地，也许是一个不错的选择，但是，你不可能把它称为“家园”。“我们是可以登上月球，但是，人类如果想要通过月球实现成为多星球物种这一目标，是十分具有挑战性的，”马斯克在 2016 年如此说道，“月球比火星要小得多，它也没有大气层，资源也不如火星丰富。月球上的一天，相当于地球上的 28 天，而火星上的一天相当于 24.5 个小时，与地球更为接近。”

大气层是关键环节，在马斯克的设想中，人类将对火星进行改造：改变火星的大气层，使其适合人类和能够维持人类生存的动植物生态系统呼吸。在 SpaceX 火星殖民计划的首次重要演讲中，他展示了一段这颗红色星球随着时间流逝逐渐变绿的动画。他还在参加《斯蒂芬·科尔伯特晚间秀》时开玩笑说，利用核武器加速火星大气的变化，也许会是个好主意。有一件事是可以肯定的：人类已经掌握了让行星变暖的技术。在马斯克的设想中，太空资源仍扮演着一个重要角色：汤姆·米勒的团队正在为 SpaceX 建造的下一个大型发动机，被命名为“猛禽”（Raptor），它将使用天然气和氧气作为燃料，因为这样效率更高，而且 SpaceX 的团队相信他们可以在火星上制造出甲烷。

然而，即使是最固执己见的拥护者也得承认，围绕目的地的争论会造成错误的选择。那些为了重返月球，并在那里停留更长时间所做出的努力，将会为我们提供人类在前往火星的漫长旅程中生存所需的重要信息。更为重要的是，在月球上生产推进剂，能够使行星间的长途旅程变得更可行。而且，由于同样的原因，航天产业项目的成本会变得更加低廉：因为，你不再需要从地球带上所需的所有推进剂了。“对我来说，无论你要去哪里，月球都是一个极富意义的地点，”索尔斯说，“使用月球生产的推进剂，火星任务的成本将下降 2/3，可能这就决定了到底是有任务还是没有任务。”

在唐纳德·特朗普 2016 年当选美国总统后，他的政府将 NASA 的重心引向月球。NASA 计划将于 2019 年，利用波音公司所制造的 SLS 航天发射系统，将洛克希德·马丁公司的“猎户座号”送入月球轨道上，并开始评估在月球轨道上建立前哨站的可行性。这将为前往火星，甚至更远的深空，提供一块踏脚石。然而，尽管波音公司首席执行官丹尼斯·米伦伯格夸口称“第一个登上火星的宇航员，一定会是搭乘波音公司的火箭抵达的”，但是，SLS 项目一直深受进度延误的困扰，以至于 SpaceX 或蓝色起源公司在建的重型火箭可能会击败波音公司，进入太空。NASA 还专门在月球研究方面，建立了与太空出租车计划类似的公私合作伙伴关系。NASA 高级项目负责人杰森·克鲁森告诉我，政府将向如宇宙机器人技术公司、月球捷运公司或是蓝色起源公司这样的私营公司，购买登月服务。

为了应对这一转变，一向务实的马斯克对自己的计划做出了更新。在“猎鹰 9 号”的迭代完成、进度依然延迟的猎鹰重型火箭的演示结束后，SpaceX 将开始制造一枚巨型火箭：“大猎鹰火箭”（Big Falcon Rocket）。它高约 330 英尺，直径 30 英尺，由 31 台猛禽发动机提供动力，能够将 150 吨的货物送入近地轨道，运输量是“猎鹰 9 号”的 6 倍。值得注意的是，这枚火箭的设计初衷，就是为了争夺 NASA 可能会进行的月球任务，尽管马斯克的目标是在 2022 年进行火星无人驾驶任务。同时，他还补充道，这枚火箭能在半小时内将乘客送到地球上任何地方：“我们建造这个东西是为了前往月球和火星，不过它也适用于前往地球上的其他地方。”

蓝色起源公司依然专注于“新格伦号”及其新发动机，还有“新谢泼德号”运载火箭。在连续 5 次成功完成首个迭代版本的试飞后，蓝色起源宣布将进行载人试飞测试，并于 2018 年搭载普通乘客试飞。虽然蓝色起源公司还未将入场费用公之于众，但是如果它赶在维珍银河公司之前成功实现这一切，那么，布兰森的公司就有大麻烦了。仅仅为了体验一把微重力，以及从太空窥视一眼地球，而将人类送入太空的做法看似是富人的一场疯狂而奢侈的游戏，但贝索斯十分乐于此道。

“事实证明，娱乐才是技术的终极驱动力，而这些技术在其他领域变得非常实用，”这位亚马逊创始人在 2017 年表示，“即使是在航空业的早期，表演空翻也是首批飞机的用途之一。它们会四处飞行，降落于农民的田地之中，并出售机票。与之类似的是，最近大热的用于机器学习和深度学习的 GPU，它们本是英伟达公司（Nvidia）为电子游戏而开发的。”

赛瑟尔对太空旅游潜在市场的预估，可能会比你想象的要大得多。“地球上有近 25 万人拥有超过 3 000 万美元的闲钱可用，”他说，“如果我们能够让其中 4% 的人在太空度假上花费 1 000 万美元，那就有 1 000 亿美元。”他计划将前往近地轨道的票价从目前的市场价降低，即在 5 年内，将近地轨道的票价从维珍银河公司的每人 25 万美元，降至每人 3 万 ~5 万美元。他预测，当行业成熟时，轨道旅游每个航班的票价将为 300 万 ~500 万美元。事实上，在 2017 年，SpaceX 已经宣称，有两位富翁为乘坐“龙飞船”太空舱绕月飞行支付了定金。

然而，SpaceX 在卫星互联网项目上的真正赌注，是按照埃隆 · 马斯克的创业方式量身定制的。他会先为火箭或汽车等产品找到一个现有市场，然后，通过将该技术推向极限，垄断这个市场。如果 80 颗卫星可以成为一项成功的业务，那为什么不用 4 000 颗呢？蓝色起源公司打造月球经济的野心，反过来也与杰夫·贝索斯的商业模式息息相关：设想一些完全不切实际的事情，就像一间你可以购买任何商品的无形商店，或是通过在月球上开采水源产生能量，然后再研究如何使其成为现实。不过，如往常一样，他们又英雄所见略同：两家公司都将下一代火箭发动机的研发重点放在了天然气驱动上，这不仅是因为天然气的功率，更是因为科学家们相信，不像煤油，天然气可以在太空中进行制造。

“如果你的DNA中没有写入破坏性创新的基因，你就无法真正理解太空资源。”赛瑟尔说。

尽管如此，仍有怀疑论者质疑，所有这些努力是否又会催生雄心勃勃但不切实际的太空项目。“这已经是席卷我国的第三波发射开发者浪潮了，但是，我们之前从未见过如此财力雄厚，且商业经验如此丰富的开发者，他们与他们的前辈不太一样，”一位专门从事太空业务的经济分析师卡丽莎·卡尔森告诉我，“我认为，即便如此，也无法保证太空活动的大规模增长。”不过，这两家拥抱所有疯狂想法的公司的竞争，将会指引美国太空计划的前进之路，即便我们无法辨别其中缘由究竟是因为贪婪，还是人文主义，抑或是对强大机器的纯粹热爱。

“对我来说，贝索斯的严肃认真，就等于是在说‘一切都会好起来的’。”NASA前副局长加维告诉我。她，还有太空界中的不少人，都将蓝色起源公司与SpaceX之间的竞争视为一场龟兔赛跑。“也许，在这种情况下，兔子会赢，而我认为SpaceX会是那只兔子。他们同样会成为最耀眼的赢家。贝索斯是认真的，但是顺便说一句，如果没利可图，他不可能去做这件事，埃隆也是一样。我喜欢马斯克那句‘我想要促进人类发展，拯救地球上的各种物种’，但那是男孩们和他们的玩具而已。至少，杰夫会直截了当地告诉你。”

在贝索斯宣布将制造一枚可重复使用的轨道火箭的几周后，SpaceX开始真正的重复使用自研的火箭。

这将是自 AMOS–6 起火导致公司停飞以来的第 4 次发射。在那之后，工程师们对“猎鹰 9 号”的碳包裹贮箱进行了测试，并找到了一种为运载火箭加注的方法，这让 FAA、NASA 和美国空军十分满意。在经历了为期 4 个月的休整后，SpaceX 于 2017 年 1 月为铱星公司向近地轨道发射了 10 颗卫星，给国际空间站运送了另一批补给和科学试验材料，并为回声星公司（EchoStar）将一颗卫星送到了对地静止轨道。尽管上一颗卫星由于质量过大无法着陆，但前两次任务以“猎鹰 9 号”助推器返回地球而告终。

可重复使用火箭的着陆，逐渐变得越来越常规化。从它 2015 年 12 月首次成功着陆到 2017 年 3 月之间，SpaceX 已经在浮式驳船，或是位于卡纳维拉尔角的地面着陆架上，成功回收了 8 台“猎鹰 9 号”助推器。每一次，当高达 130 英尺、重达 20 吨的金属筒，从云中坠落，然后在烟雾缭绕中降落，SpaceX 的忠实粉丝们便会欢欣鼓舞。然而，只有当你能够再一次使用它，并且能够经常使用时，将这些金属筒从太空带回才是值得的。正如索尔斯告诉我的那样：“真正的阻碍因素并非技术，而是资金。你是否真的能够将其带回，并以比制造一台全新助推器更低的成本重新整修？”

直到真正重复发射其中一台助推器之前，SpaceX 无法回答这个问题，而机会的曙光在卡纳维拉尔角逐渐变得清晰且明亮。当他们的卫星被安装在火箭顶部耐心等待发射时，卢森堡卫星巨头 SES 的高管们，在距离火箭几百码远的土堤上接受了哥伦比亚广播公司（CBS）一家分支机构的采访。SES 多年来一直支持 SpaceX，它是 SpaceX 对地静止轨道卫星发射的首位客户。现在，它将成为被 SpaceX 称为“经过飞行验证”的助推器的首位使用者，这种叫法听起来比“轻度使用”要让人心里踏实得多。公司高管之一坚称，他对于发射一点儿也不担心。他的工程师团队对于翻新后的火箭符合他们评估新火箭的标准，感到十分满意。尽管他们要求 SpaceX 对首次飞行给予折扣，但公司首席技术官马丁·哈里维尔告诉记者，他们公司的主要目标是推动开发以更低成本进入太空的方式。

在仅仅不到一年前，这枚火箭曾将一艘满载补给的“龙飞船”发射到了空间站。在这枚火箭进行重复使用前，用马斯克的话说，SpaceX“对一切都有着令人难以置信的偏执”，他们用了 4 个月的时间对工程师认为可能会出现问题的部件进行了更换，并且在麦格雷戈测试场对其进行了一系列的测试。格温·肖特维尔，公司那位令人敬畏的总裁声称，尽管如此，整个翻新过程所花费的成本仍然比重新制造一枚运载火箭要低得多。SpaceX 团队的成员会承认自己神经紧张，尽管这是一个重大事件，但该公司拒绝将其宣传成正常发射之外的任何活动。不过，肖特维尔告诉正在收看直播的观众，这一“历史性的”任务，是“我们掌握重复飞行的最根本的关键证据”。

当操作团队进行飞行前检查时，一切似乎都很顺利。推进剂加注过程中并没有发生起火事件。最后时刻也没有出现压力波动，或是阀门卡住等意外，让倒计时变得复杂。就在晚上 6:30 前，随着太阳缓缓落下，“猎鹰 9 号”的飞行计算机接管了火箭的操作权，点火。火箭径直冲入大气层中，产生火箭飞行时熟悉的撕裂声，天空好似被撕成两半一样。在以每小时超过 1 000 英里的速度飞行，并不断加速一分钟后，火箭突破了“最大 Q 值”，此时是厚重的大气层对火箭施以最大压力的时刻。如果支柱发生松动，或是重要的机械部件出现故障，那一定就会发生在这段时间内。

“猎鹰 9 号”继续向上飞行。

在 SpaceX 位于霍桑的总部，见此情景，观众们相互击掌庆贺。届时，两级火箭分离，携带着 SES 卫星的第二级火箭，进一步朝着高空轨道飞行。而第一级火箭则开始朝着佛罗里达海岸的方向坠落，引导火箭向下飞行的栅格翼从折叠处弹出。“所有系统运行正常。”SpaceX 的一位工程师告诉观众们。

当第二级火箭在太空中滑行时，第一级火箭再次坠入大气层。它朝着无人驾驶驳船的方向下落，发动机再次点火，以减缓下降的速度。在直播视频中，观众们可以看到，其中一片栅格翼突然起火，碎成块块碎片脱落。当助推器穿过云层时，凝结物遮盖住了摄像头。火焰是否会影响在距离大西洋几百英里外的火箭返回“当然我还爱着你号”无人驾驶驳船？当火箭逐渐接近地面时，摄像头信号中断，有可能是因为在火箭下落过程中，火箭与卫星之间的连接信号因振动幅度过大而断线，但这也有可能意味另一场彻底的失败。

不过，当信号终于恢复时，火箭已经稳稳地矗立在驳船之上：一枚已经飞行过两次的助推火箭，独自矗立在平静的海面之上，仿佛在进行一次日落巡航一般。新的历史已经被创造。自此开始，SpaceX 与私人航天产业，不再是简单地复制政府太空计划的成功，而是超越政府的成就。它们顶着巨大的风险，做到了前人难以企及的事情。“我确实有两盒阿普唑仑（Xanax，是一种用于缓解压力和焦虑的处方药），我想这可能会对我有所帮助，”马斯克在飞行结束后开玩笑说，“实际上，最奇怪的是，我对自己并不是很紧张而感到紧张。”

马斯克带着他的 5 个儿子见证了这次发射，足见他对这一时刻的重视程度。我问马斯克，他是否觉得作为 SpaceX 过去 15 年来努力的成果，这次任务的成功，证明了这家最初以十几个极客和一支墨西哥流浪乐队，在一块租金廉价的办公场所起家的公司是成功的。

“我们公司从一支墨西哥流浪乐队到现在……今天确实是个大日子，”他说，“坦白地说，我的大脑现在已经是一片空白，不知道该说些什么了。我只想说，这是我们才华横溢的团队，经过不懈的努力才得到的结果。”

SES 那位十分能言善道的首席技术官哈里维尔打断了他的话："在 SES-8 发射任务，即我们与 SpaceX 执行的首次地球同步转移轨道任务（GTO）完成后，我就曾发表评论说，这个行业将会在它的脚下颤抖。噢，现在的状况正是如此。"

"这将推动行业变革，使之变得更好。"马斯克总结说。他说得没错：同年，不仅蓝色起源公司，还有 ULA 和阿丽亚娜太空公司，都宣布了开发可重复使用火箭的计划。由于 SES-10 的飞行成功，SpaceX 不仅迫使它的竞争对手们削减成本，还促使它们加入它寻求一种全新太空飞行方式的行列之中。"在发射业务方面，我们曾遭到过其他大公司的嘲笑。一开始，它们是无视我们。后来，它们是与我们竞争。再到后来，它们就发现，在一场公平的竞赛中，它们是真的无论如何也赢不了了，"米勒，马斯克在莫哈韦沙漠中发现并撬走的工程师，在飞行任务结束后说，"再然后，在某个时刻，它们就会发现自己不得不面临你正在做的事情了。关于如何使（火箭）可重复使用，如何回收发动机、助推器，如何开发成本低得多的火箭，以便进行竞争，有很多讨论。"

在发射结束后的新闻发布会上，马斯克被问及蓝色起源公司的可重复使用火箭"新格伦号"。很显然，SpaceX 的工作人员特别希望与"新谢泼德号"进行比较，因为他们一直不断地提到"猎鹰 9 号"是"轨道级"火箭。

"关于最好的奉承方式，那句谚语是怎么说的来着？"他挖苦地说道，"坦率地来说，如果一家公司找到一条可行的道路，那么，其他公司就应该效仿它。不那样做是愚蠢的。我们不想仅仅因为其他公司已经做了，而选择不去做正确的事情。"

马斯克承认，SpaceX 要想达到它的最终目标，还有一段距离：真正的可重复使用，即零硬件改动，24 小时全天候使用，他希望能在一年内实现这一目标。在 2017 年剩下的时间里，他的公司将会打破 ULA

一直保持的一年中发射次数最高的纪录：再发射两台已经经过飞行验证的助推器，以及 10 枚全新的火箭。SpaceX 几乎成功回收了所有运载火箭，只有两枚由于搭载的卫星质量过大，火箭燃料无法满足返回地球的需求而未能回收。公司已经将发射和着陆任务变得常规化，并且试图在可重复使用方面做出同样的努力。现在，SpaceX 已经成为商用发射市场中的主导者。“作为一名运营商，我相信在 24 个月内，SpaceX 就将提供进入轨道的服务，而无论它使用的火箭是全新的，还是已经使用过的，都无关紧要了，”哈里维尔说，“这就是今天所做的一切的意义所在。”

然而，对于马斯克来说，今天所成就的一切，其意义要远超于此。“关键是降低进入太空的成本，”他说，“我有信心，太空运输的成本可能会变成之前的百分之一，甚至更少。这也就意味着，在同样的预算下，我们可以多做 100 件事。”他解释道，首先，可重复使用的“猎鹰 9 号”会大大降低成本，尤其是一旦公司收回了用于开发新运载火箭的巨额资金，就可以将价格定得更接近成本价。更重要的是，今天发射的这架运载火箭，将为他设想的大猎鹰火箭提供关键的知识，而这种大猎鹰火箭被认为是抵达月球和火星的关键。用米勒的话来说，“一旦我们发射了这种火箭，其他所有火箭都将被抛弃”。

“火箭的快速与完全的可重复使用性，的确是打通前往太空之路，让人类成为在外层空间旅行的多星球物种的关键。”马斯克说。

现在，他有证据证明这一点了。今天是值得庆祝的一天。不过，他的兴趣已经转移到下一个大事件了，埃隆就是这样的一个人。为什么 SpaceX 的团队不能重复使用在发射过程中保护卫星的整流罩呢？毕竟，它的成本高达 800 万美元。他们什么时候能够重复使用第二级火箭呢？他们能在年底前发射猎鹰重型火箭吗？他指出：“我想强调一下，这是一次风险极大的飞行”，并迫不及待地想要再次挑战极限。他总是活在未来。在他看来，他和他的团队设计的那枚经历了短暂的真空之旅后正飞回地面的运载火箭，只有在被其他人认为是不可能完成任务的时候才有意思。

“我们的目标是，让可重复使用变得正常化，”在谈到他的火箭，也许还有他的生活方式时，马斯克如此说，“一切已经趋于正常化了。它最终当然会返回地球着陆。它怎么会不这么做呢？”

后 记

一个在外层空间旅行的文明

那些曾经共同努力触摸星星的人，不太可能会一同坠入战争与荒凉的深渊。

——参议员林登·约翰逊

当你读完这本书时，私营公司已经完全具备再次将人类送上太空的能力。而当它们这么做时，尤其是当一家私营公司赢得了将宇航员送入轨道的竞赛时，新太空竞赛的序幕将由此真正拉开。

SpaceX 和波音公司即将着手进行关键的试飞，希望能够成为第一家将宇航员送上国际空间站的公司。NASA 预计，两家公司将于 2018 年开始试飞，尽管进度上也许会有稍许延迟，但是，让美国重新拥有载人航天能力的压力，可能会让这两家公司获得足够的资源，这样就可以加快这一进程。2016 年，NASA 向 SpaceX、轨道科学公司和内华达山公司发布了新的货运订单合同，它们将负责国际空间站的货运任务，直至该项目的终结。

蓝色起源和维珍银河公司，则期望开始对它们的亚轨道航天器——“新谢泼德号”和“太空船 2 号”，进行载人飞行测试。它们想要提供定期且安全的休闲太空旅行：于数年内实现来回穿越卡门线，让成千上万的人对他们称为“家”的星球，产生改变一生的看法。

然而，在那些会不可避免地发生的事故中，第一次出现夺人性命的灾难后所要面对的，才是真正的考验。在出现人员伤亡之后，这些私营企业的领导者们，是否有勇气和资源，将这份事业继续下去呢？马斯克说，在他的火星之行启程前，他不会让他的公司上市，因为这样会削弱他对公司的控制力，并将公司置于更严格的审查之下。这也许是因为，只有一厢情愿地让人类搬离这颗星球，才能推动像殖民火星这样危险的计划吧。

在未来的一年里，定期进行的载人航天和庞大的卫星星座，将重塑整个航天产业。如果蓝色起源和 SpaceX 能够实现它们关于让进入太空的成本大幅下降的巨型可重复使用火箭的设想，那么，它们将毫无疑问地改变我们的社会。多亏这两家公司的承诺，对太空初创公司的私人投资猛增。

太空真的会是新的互联网吗？首位亿万富翁，是否将会诞生于轨道，或是在月球上，又或是在火星上，正如最有野心的太空企业家们告诉我的那样？我不会冒险做出预测。每当一项月球业务显得过于吸引人时，我就会回想起 21 世纪初，或是 20 世纪 70 年代，又或是 20 世纪 20 年代时的预测，来提醒自己不要忘记，我们往往会眼高手低，高估自己的能力。

然而，推动廉价太空飞行的最大趋势——地球生态系统日益明显的脆弱性，以及全球数字通信网络对全球经济日益增长的影响力和重要性，并未消失。

地缘政治冲突也未平息，尽管本书主要关注的是美国企业，但它们所使用的方法和技术，并不局限于美国。新兴经济体，如中国和印度，也已经在太空技术方面投入资源，旨在战胜美国和欧洲的先驱们。一旦一个国家占领了产业制高点，其他国家就会效仿。

朝鲜核计划和俄罗斯重新燃起的敌对情绪，再次引发了人们对太空防御的兴趣。如今这种场景，对于那些在冷战结束后涌入私人太空行业的星球大战计划的资深员工们来说，似乎有着一种似曾相识的感觉。中国已然宣布想要在月球上建立基地，美国太空企业家们也在利用他们的野心，激起美国人民的嫉妒之心，以便为他们自己的目标筹集公共资金。美国议员们纷纷讨论要建立一个“太空兵团”，并将太空军事化。ULA 前工程师索尔斯称，他曾告诉军事计划人员，月球将会是“下一个波斯湾”。

太空战争，火星殖民地，月球矿产开采，这一切听起来十分荒谬。对这些造火箭的亿万富翁的骄傲自大颇有微词的评论家们常常指出，他们并没有回答那个最基本的问题，即太空中的生活，究竟会是什么样的：人们将如何赚钱？他们将如何生活？甚至是，他们究竟能否在宇宙辐射中生存下来？

为这些努力提供资金支持的亿万富翁们，并未对此感到担心。“给穿越太空所找的‘任何理由’，其实都是事后诸葛亮。借口之所以层出不穷，是因为我们觉得，从理性上来说应该得有。”阿瑟·C. 克拉克如此写道，而现在也是一样。美国经济体系中规模巨大的资源，已经被交到了几位太空极客手中，而他们打算以低成本进入太空。就像他们的同龄人在建立社交网络和搜索引擎时一样，不一定需要考虑潜在的不利因素。

“太空商业的爆发式增长，可能就像国际贸易或是有效的政府间实体的爆发式增长一样，”一位前国防部官员告诉我，“它们有实力，也有可用性，还会让那些觉得自己被排除于故事之外的人们，分裂、觉醒和不满。”

如果你只能从本书中选择一项重要内容，那么，就请记住一个事实——使得太空革命成为可能的技术，正在以惊人的速度发展。也许不会如它们的设计师所设想的那样快，但是我相信，一定会比它们的批评者所预测的时间要来得更早。现在，是人类开始思考成为太空文明的后果的时候了，因为这一天终将到来。

致　谢

撰写这本书的念头，源自我决定逃离华盛顿特区的政治报道，并搬到洛杉矶写商业报道的日子里。我发现的最有意思的公司是 SpaceX，因此，为了讲述它的故事当然就需要深入探究美国政府的太空计划。社会的运行，依赖于公私合作伙伴关系。

首先，我要感谢埃隆·马斯克和杰夫·贝索斯。如果没有他们，就根本不会有书中提到的那些故事。他们对太空的热情，具有企业精神的智慧，正在以一种常人几十年后才能理解的方式，改变着世界。其次，要感谢 NASA，如果没有它，这本书也不会存在：既有激励着我们前进的历史先驱，也有每天孜孜不倦探索太空的数千名当代科学家和工程师。

感谢吉姆·坎特雷尔、詹姆斯·弗伦奇、约翰·加维、詹姆斯·马瑟、乔治·索尔斯，以及托马斯·斯维切克，对航空航天工程师的工作，以及私人太空业务的演变，提供了宝贵的见解。

感谢 NASA 公共事务办公室的塔巴莎·汤普森，为我提供了至关重要的帮助，帮助我与 NASA 公私伙伴关系的负责人取得联系；我还要特别感谢比尔·格斯滕迈尔和凯西·鲁德斯能够抽出时间接受采访。NASA 经济学家亚历山大·麦克唐纳关于私人太空投资历史的原创研究，对我来说是一份意想不到的礼物，为我的叙述奠定了基础。

感谢前 NASA 管理人员肖恩·奥基夫和迈克尔·格里芬，慷慨地抽出时间与我交谈。特别感谢洛丽·加弗、艾伦·林登莫耶、道格拉斯·库克、皮特·沃登和乔治·怀特塞兹，提供关于太空机构的洞见。能够与现任和前任宇航员罗伯特·贝恩肯、罗伯特·卡巴纳、克里斯·弗格森和唐纳德·佩蒂特进行交谈，实在是让人激动不已。

我欠 NASA 历史办公室一个大人情，特别是约翰逊航天中心的口述历史项目组。由丽贝卡·哈克勒和丽贝卡·赖特主导的采访，全面揭示了 NASA 与其他企业、机构之间的公私合作关系。

感谢马克·阿尔布雷希特、托里·布鲁诺、丹·哈特、克莱·莫里、克莱顿·克里斯坦森，以及格温·肖特维尔，亲切地分享了他们在销售火箭这一迷人行业的丰富经验。

感谢美国空军，特别是第 45 太空联队和第 30 太空联队的公共事务小组，让我能够深入观察关于确保美国进入太空的运营现实。感谢约翰·杰伊·雷蒙德将军，帮助我理解了太空对国家安全的影响。

十分感谢 SpaceX 和蓝色起源公司操劳过度的公关团队，特别是 SpaceX 公司的约翰·泰勒、詹姆斯·格里森和菲尔·拉森，以及蓝色起源公司的凯特琳·迪特里希对我喋喋不休的提问，给予耐心的回答。感谢维珍集团的克里斯汀·崔、波音公司的丽贝卡·里根，在会见团队和参观工厂方面，提供了宝贵的帮助。

我还特别要感谢那些不能公开姓名的人，他们的见解与经验，对本书来说是无价的。对于他们愿意将自己的故事讲给我听的信任，我感到十分荣幸。

在我写作的过程中，还有几本书为我提供了宝贵的资料，特别是迈克尔·贝尔菲奥尔的《火箭人》、朱利安·格思里的《如何制造宇宙飞船》、阿什莉·万斯的传记《埃隆·马斯克》，以及布拉德·斯通的《万物商店》。

还要感谢我的经纪人彼得·斯坦伯格，是他给了我写作这本书的信心，让我确信这是可能做到的，并指导我完成构思本书大纲的艰苦工作。

感谢我在霍顿·米夫林·哈考特出版公司（简称 HMH 公司）的编辑里克·沃尔夫，感谢他愿意冒险向我这样一位初次出书的作者抛出橄榄枝，并且为这本书的出版做出了不懈努力。在 HMH 出版公司，我还要感谢罗斯玛丽·麦吉尼斯给予我的帮助，以及亚历克斯·利特菲尔德提出的好建议。感谢总编丽贝卡·斯普林格优雅地指导本书进行多次修改，还有我的文案编辑威尔·帕尔默，在时间紧迫的最后期限内，对这份手稿进行了出色的润色。感谢公关人员米歇尔·特里安和营销总监迈克尔·杜丁努力地将这本书推荐给读者们。

我十分有幸能够在数字商业新闻网站 Quartz 工作，在这里，编辑凯文·德莱尼、吉迪恩·里奇菲尔德，以及希瑟·兰迪，帮助我成长为一名记者，并慷慨地为我留出足够的时间来写这本书。很幸运，我在 Quartz 的同事们，为这本书的构思和研究提供了许多帮助。我特别要感谢戴维·亚诺夫斯基和克里斯·格罗斯科普夫，在收集和分析关于卫星和运载火箭的历史数据方面提供的帮助。

我还要感谢安·弗里德曼对我的指导，以及《明日》杂志的工作人员，是他们用自己令人难以置信的工作成就，激励着我去提高自己的写作水平。

感谢我的父母里克和杰恩，还有我的妹妹戴安娜，如果他们没有在小时候就让我热爱阅读和火箭，这一切都不可能实现。我很幸运，从小到大一直都拥有他们的支持和爱，在写作这本书的过程中，也一直得到他们的鼓励。

最后，我要感谢我的妻子勒妮，是她在整个写作过程中，让我持续保持冷静，并激励我工作。她对我的无限耐心，以及给我的无穷尽的爱，我将永远心存感激。